Mein gesunder Deutscher Schäferhund

TOPFIT
KERNGESUND
AKTIV

Dr. med. vet. Lowell Ackerman
unter Mitarbeit von
Dr. med. vet. Marion Heigl
und Walter Lenk
(Polizei-Diensthundebeauftragter)

bede bei Ulmer

Bildnachweis: Fotolabor Klaar, Grebenstein und Familie Handschack, Mannheim
Wir bedanken uns für die freundliche Unterstützung.
Archiv T.F.H. Publications Inc.
(Isabelle Francais, Judith Iby, Patti Liermann, Jaqueline Mertens, Scotty Richardson, Penny Schultz, Robert Smith, Karen Taylor, Josef Wolff)
außer wenn anders aufgeführt
Übersetzung: Herprint International cc, Bredell 1623, Südafrika

Hinweis

In diesem Buch sind die Namen von Medikamenten, die zugleich eingetragene Warenzeichen sind, als solche nicht besonders kenntlich gemacht. Es kann also aus der Bezeichnung der Ware mit dem für diese eingetragenen Warenzeichen nicht geschlossen werden, dass die Bezeichnung ein freier Warenname ist. Die Markennamen wurden nur beispielhaft aufgeführt. Hinsichtlich der in diesem Buch angegebenen Dosierungen von Medikamenten usw. wurde die größtmögliche Sorgfalt beachtet. Gleichwohl werden die Leser aufgefordert, die entsprechenden Beipackzettel der Hersteller zur Kontrolle heranzuziehen. Die beispielhafte Auflistung von Medikamenten bzw. Wirkstoffen ist kein Beweis dafür, dass diese in Deutschland zugelassen sind. Der behandelnde Tierarzt ist aufgefordert, die jeweilige (Zulassungs-)Situation zu überprüfen.
Die in diesem Buch enthaltenen Empfehlungen und Angaben sind vom Autor mit größter Sorgfalt zusammengestellt und geprüft worden. Eine Garantie für die Richtigkeit der Angaben kann aber nicht gegeben werden. Autor und Verlag übernehmen keinerlei Haftung für Schäden und Unfälle. Der Leser sollte bei der Anwendung der in diesem Buch enthaltenen Empfehlungen sein persönliches Urteilsvermögen einsetzen.
Der Verlag Eugen Ulmer ist nicht verantwortlich für den Inhalt von Links.

Bibliografische Information der Deutschen Nationalbibliothek
Die Deutsche Nationalbibliothek verzeichnet diese Publikation in der Deutschen Nationalbibliografie; detaillierte bibliografische Daten sind im Internet über http://dnb.d-nb.de abrufbar.

Wollgrasweg 41, 70599 Stuttgart (Hohenheim)
E-Mail: info@ulmer.de
Internet: www.ulmer.de
Umschlagentwurf: Sojus Design, Kai Twelbeck, Stuttgart
Titelfoto: Bildagentur Waldhäusl / Herath Wolfgang
Druck und Bindung: Westermann Druck, Zwickau
Printed in Germany

ISBN 978-3-8001-6776-0

Inhalt

Die Gesundheit Ihres Schäferhundes muß im Hundealltag immer an erster Stelle stehen. Nur so werden Sie eine ideale Freundschaft zu Ihrem Schäferhund entwickeln können.

Die wichtigste Aufgabe für den Halter eines Deutschen Schäferhundes ist es, diesen gesund zu erhalten. Im Gegensatz zu vielen anderen Büchern, die sich mit den Zuchtqualitäten, dem Körperbau und den Ausstellungseignungen dieser Hunde beschäftigen, befasst sich dieses Buch hauptsächlich mit der Gesundheitsvorsorge für den Deutschen Schäferhund. Alle diesbezüglichen Informationen wurden aus unterschiedlichen Quellen zusammengestellt, um dem Leser einen möglichst breiten und aktuellen Überblick zu geben.

Dieses Buch macht den Leser mit so wichtigen Punkten wie der Auswahl des Hundes, der Erkennung von ererbten medizinischen und Verhaltensproblemen, der richtigen Ernährungsweise sowie der optimalen medizinischen Pflege vertraut.
Es soll dem Halter ermöglichen, seinen Deutschen Schäferhund so gesund wie möglich zu halten und ihm dadurch ein langes, erfülltes und glückliches Leben zu ermöglichen.

Dr. med. vet. L. Ackerman
im Frühjahr 1999

Deutsche Schäferhunde waren ursprünglich Hirtenhunde und haben auch heute noch einen natürlichen Hüteinstinkt.

Das neugierige und aufgeweckte Wesen des Deutschen Schäferhundes ist im Gesichtsausdruck dieser drei Welpen deutlich zu erkennen.

Der moderne Deutsche Schäferhund

Viele Menschen nehmen aufgrund der äußeren Erscheinung des Deutschen Schäferhundes an, dass er eng mit dem Wolf verwandt ist und demzufolge von einer langen Ahnenreihe abstammt. Die Rasse ist aber erst rund 100 Jahre alt. In ganz Europa wurden Schäferhunde zum Hüten von Viehherden eingesetzt. Erst 1899 begann Rittmeister Max Emil Friedrich von Stephanitz, den Deutschen Schäferhund zu der Rasse zu standardisieren, die wir heute kennen.

Der Originalstandard basierte auf mentaler Stabilität und Verlässlichkeit – das Erscheinungsbild war nur in zweiter Linie wichtig. Der „erste" Deutsche Schäferhund hieß eigentlich Hektor Linksrhein, jedoch taufte Stephanitz ihn nach dem Kauf in Horand von Grafrath um. Dieser Hund wurde der erste registrierte Deutsche Schäferhund (S.Z. 1) und Begründer der Zucht. Die Rasse gedieh unter dem Einsatz von Stephanitz, und er schaffte es fast ohne Hilfe,

den Verein für Deutsche Schäferhunde zu dem weltweit größten Verein zu machen, der sich einer einzelnen Rasse widmete. Im Jahre 1904 hielt der erste Deutsche Schäferhund in Amerika Einzug, und die Rasse gewann auch hier schnell an Popularität. Dieser erste Siegeszug hielt allerdings nur bis zum Beginn des 1. Weltkriegs an, als alles Deutsche in Amerika verbannt wurde.
Während dieser Jahre machten die Deutschen jedoch ausgiebigen Gebrauch von ihren Hunden, indem sie diese als Kriegs- und Polizeihunde einsetzten.
Der gute Ruf dieser Arbeitshunde erweckte dann erneut die Aufmerksamkeit des amerikanischen Marktes, und schon bald wollte jeder einen Hund wie Rin-Tin-Tin. Unglücklicherweise wiesen die Hunde, die zur Deckung der Nachfrage in den 1960er Jahren in Massen gezüchtet wurden unzählige gesundheitliche und verhaltensbedingte Störungen auf. Dies führte erneut zu einem vorübergehenden Einbruch der Beliebtheit der Rasse.
Natürlich schlugen die Antideutschen Parolen während des zweiten Weltkriegs wiederholt hohe Wellen, und die amerikanischen Schäferhundliebhaber bevorzugten deshalb anstatt des ursprünglichen Rassenamens Deutscher Schäferhund die Bezeichnung „Alsatian" (Elsässer). Obwohl dieser Name auch heute noch gelegentlich Verwendung findet, ist die Bezeichnung Deutscher Schäferhund die am häufigsten gebrauchte und korrekte.

Der Deutsche Schäferhund erfreut sich nach wie vor größter Beliebtheit und stand über viele Jahre in der Rangliste der weltweit am häufigsten registrierten Rassen an fünfter Stelle. In Deutschland führt er nach wie vor die Welpenstatistik an.

Als eine der weltweit beliebtesten Hunderassen gilt der Schäferhund als der Inbegriff des deutschen Hundes.

Aufmerksam beobachtet der Deutscher Schäferhund seine Umgebung. Er wird jede Gelegenheit zur Kurzweil suchen und will unbedingt an Ihrer Seite sein – bei Arbeit, Spaß und Spiel.

Äußere Merkmale und Verhalten des Deutschen Schäferhundes

Der Deutsche Schäferhund symbolisiert den großen Beschützer, den perfekten Familienhund und den vielseitigen Gebrauchshund.

Ein Deutscher Schäferhund aus erlesener Zucht gehört zu den schönsten, intelligentesten und freundlichsten aller Hunde. Er zeichnet sich durch seine Vitalität, Würde und Arbeitsfreude aus. Er ist aufgeschlossen und furchtlos, selbstsicher und zudem repräsentativ.

Struktur und äußerliche Merkmale

In diesem Buch wollen wir uns nicht mit den Ausstellungshunden beschäftigen oder damit, wie Sie den perfekten Champion auswählen. Hier sollen dem Leser Grundinformationen über den Körperbau und die Verhaltensweisen des Deutschen Schäferhundes vermittelt werden.

Über Geschmack lässt sich bekanntlich streiten. Nur weil ein Hund nicht zum Champion geboren ist, kann er dennoch ein

Der Deutsche Schäferhund ist ein Tier mit Grazie und Stil. Hier eine Nummer 1 unter den Ausstellungshunden, Champion Altanas Mystique.

Der Deutsche Schäferhund variiert in seiner Fellfarbe, wobei die kräftigen Farben deutlich bevorzugt werden. In jedem Fall aber hat die Fellfarbe keinen Einfluss auf die Gesundheit des Hundes. Hier Beispiele für die einfarbig schwarze und die schwarz-gelbe Form mit Sattelzeichnung.

Als Hütehunde waren die Deutschen Schäferhunde ursprünglich eine mittelgroße Rasse. Ihr Einsatz als Schutzhunde erforderte jedoch eine größere Schulterhöhe.

Der klassische Familienhund und Beschützer. Der Deutsche Schäferhund ist seinem Halter ein lieber und treuer Gefährte.

wertvolles Familienmitglied sein; wohingegen der teuerste Champion vielleicht so ganz und gar nicht in die betreffende Familie passen würde.

Ein Züchter oder an Ausstellungen interessierter Halter wird seinen Hund selbstverständlich entsprechend des Zuchtstandards auswählen. Wer dagegen einen Haushund, Freund und Gefährten sucht, der sollte sich bei der Beurteilung der äußeren Merkmale und der Persönlichkeit eines Deutschen Schäferhundes an eher praktischen wesensmäßigen Anhaltspunkten orientieren.

Deutsche Schäferhunde wurden ursprünglich als mittelgroße Hunde zum Hüten von Viehherden gezüchtet. Als sie dann aber mehr und mehr als Schutz- und Wachhunde eingesetzt wurden, da begann man mit der Auswahlzucht größerer Exemplare, wodurch der Deutsche Schäferhund dann zu den großen Hunden gezählt werden konnte.

Die meisten ausgewachsenen Rüden weisen heute eine Schulterhöhe von 60 bis 65 cm auf, die Weibchen messen 55 bis 60 cm. Das Gewicht der Rasse liegt zwischen 27 und 38 kg, wobei die Hündinnen durchschnittlich 25 bis 32 und die Rüden 33 bis 38 kg wiegen. Die Hunde sind gewöhnlich im Alter von zehn bis 18 Monaten ausgewachsen, benötigen jedoch ungefähr drei Jahre, bis sie körperlich und geistig vollständig ausgeformt sind.

Große Hunde sind aber nicht zwingendermaßen auch bessere Hunde. Der Deutsche Schäferhund war ursprünglich keine großwüchsige Rasse, und die künstlich gezüchtete größere Schulterhöhe kann die Entwicklung von gesundheitlichen Problemen fördern, die ansonsten eigentlich eher bei den naturgemäß großen Rassen auftreten. Es gibt verlässliche Hinweise darauf, dass die großen Vertreter der Rasse deshalb auch anfälliger für orthopädische Krankheiten wie Rücken-Wirbelsäulenerkrankungen sind.

Die Welpen des Deutschen Schäferhundes haben Schlappohren, die aber gewöhnlich bereits in einem Alter von acht bis zehn Wochen ordnungsgemäß aufrechtstehen. In einigen Fällen kann es jedoch auch sechs oder sieben Monate dauern, bis aus den Hängeohren Stehohren werden. Bei manchen Exemplaren stellen sich die Ohren nie auf – ein Zustand, den die Züchter als „müde Ohren" bezeichnen. In den meisten Fällen kann das Problem mittels einer Pflasterprothese behoben werden, jedoch werden diese Hunde allgemein als nicht zuchttauglich bezeichnet. Die meisten Züchter warnen davor, die Ohren der Welpen beim Streicheln nach hinten weg zu streichen, bevor sie aufrecht stehen, denn dadurch können die Knorpel beschädigt werden.

Aber wie dem auch sei, Hänge- oder Stehohren, die Stellung der Ohren hat keinerlei gesundheitliche Konsequenzen. Ein echter Deutscher Schäferhund zu sein, hat etwas mit Genetik und nichts mit Schönheitschirurgie zu tun.

... und denken Sie dran

Das Wesen Ihres Welpen muss sich durch Aufmerksamkeit, Neugier und Verspieltheit auszeichnen. Ängstlichkeit, Schreckhaftigkeit oder Aggressivität sind Anzeichen für sich anbahnende Verhaltensstörungen.

Fellfarbe, Fellbeschaffenheit und Fellpflege

Der Deutsche Schäferhund erscheint in einer Reihe unterschiedlicher Fellfarben, was für diejenigen, die diese Rasse automatisch mit der typischen schwarz-gelben Färbung mit Sattelzeichnung assoziieren, etwas verwirrend sein mag. Tatsächlich gibt es schwarz-gelbe, schwarzrote, schwarz-cremefarbene, schwarzgraue, einfarbig schwarze, einfarbig weiße, schwarz-silberne, leberfarbene und blaue Felltypen sowie die Variante „Zobel" (grau gefärbter Sattel, der sich von den schwarzgelb oder silber gefärbten Hüften und Schultern nur undeutlich abgrenzt). Züchter betrachten die weißen, leberfarbenen und blauen Deutschen Schäferhunde als Fehlfarben. In Deutschland sind laut Zucht-

Obwohl weiße Schäferhunde nach dem Zuchtstandard nicht auf Ausstellungen zugelassen sind, werden sie von Liebhabern gezüchtet und auf speziellen Ausstellungen vorgeführt.

standard lediglich die Farbkombinationen Schwarz-Gelb, Schwarz-Grau und einfarbig Schwarz auf Ausstellungen zugelassen. Die Fellfarben der Deutschen Schäferhunde werden durch Gene kontrolliert, die in ihrer Dominanz variieren. Dazu gehören die Wildfarben-, Schwarz-, Weiß-, sowie Abschwächungs- und Masken-Gene, die in kombinierter Form für die genannten, unterschiedlichen Farbgebungen verantwortlich sind. Das Wildfarben-Gen (Agouti) kontrolliert die Grundfarbe, wobei die rein schwarze Fellfarbe der Zobel- und schwarz-gelben Färbung gegenüber rezessiv ist. Die Schwarzgenkombination bestimmt die Pigmentverteilung. Beispielsweise legt „BB“ die schwarze Pigmentformation der Nase, Augenränder und Pfotenballen fest, wohingegen die rezessive Form „bb“ für eine Leberfarbe verantwortlich zeichnet. Ihre Träger werden als „Bb" bezeichnet. Die meisten Deutschen Schäferhunde sind Träger der dominanten Schwarzgenkombination (BB). Weiß ist gegenüber allen anderen Farben rezessiv, weshalb beide Elternteile Träger dieser Gene sein müssen, um weiße Welpen hervorzubringen. Das Abschwächungsgen ist für die Farbeinschläge zuständig. Bei den meisten Deutschen Schäferhunden ist die dominante Genkombination „DD“ vorhanden. Die Hunde, die Träger der rezessiven Genverbindung „dd“ sind, zeigen einen blauen Farbeinschlag. Werden zwei „blaue“ Exemplare miteinander verpaart, dann zeigen die Welpen ebenfalls den blauen Farb-

einschlag. Bei Trägern der Genkombination „Dd“ kommt das Abschwächungsgen nicht zum Tragen, sie können jedoch, mit einem blauen (dd) Exemplar oder einem Träger der Genverbindung „Dd“ verpaart, ebenfalls blaugefärbte Jungtiere hervorbringen.
Die Masken-Gene kontrollieren die Farbe der Gesichtsmaske, wobei „E“ keine Maskenbildung bewirkt und „E^{m}“ für eine schwarze Maske sorgt. Das Gen „e“ ist für eine klare Gelbfärbung zuständig und „e^{br}“ produziert eine Streifenzeichnung. Genforscher glauben, dass weiße Deutsche Schäferhunde das doppelt-rezessive (Weiß-)Gen „ww“ tragen, und die Farbe nicht, wie bisher angenommen, durch das häufiger auftretende Flecken-Gen „s^{w}“ zustande kommt.
Anhand dieser Beispiele sollte deutlich geworden sein, dass hinter der Farbe eines Deutschen Schäferhunds eine sehr komplexe Wissenschaft steht. Andererseits hat die Fellfarbe des Hunds keinerlei Einfluss auf dessen Gesundheit, Leistungsfähigkeit oder Eignung zu einem guten und liebenswerten Familienmitglied.
Gewöhnlich besitzt der Deutsche Schäferhund ein Doppelfell mittlerer Länge, wobei das Haar an den Gliedmaßen und im Gesicht kurz ist. Die Haarlänge wird wiederum durch ein Gen bestimmt, so dass es sowohl Exemplare mit mittellangem Haar wie auch langhaarige gibt. Außerdem können die erstgenannten Hunde ungeachtet ihres Aussehens Träger des für lange Haare verantwortlichen Gens sein.
Das Deckhaar erneuert sich das ganze Jahr über, wohingegen das wollige Unterfell (Unterwolle) nur zweimal im Jahr gewechselt wird, nämlich im Frühjahr und Herbst.
Einige langhaarige Deutsche Schäferhunde weisen ein nur spärliches Unterfell auf. Die Fellpflege gestaltet sich generell als nicht schwierig, jedoch ist das regelmäßige Bürsten zum Entfernen von toter Unterwolle eine Notwendigkeit. Die oftmals zu hörende Aussage, dass Deutsche Schäferhunde sich ununterbrochen im Fellwechsel befänden und stark haaren würden, kommt nur dadurch zustande, dass das tote Haar nicht oder zu selten ausgebürstet wird.
Generell benötigen Deutsche Schäferhunde aber keine besonders aufwendige Körperpflege. Neben dem regelmäßigen

Weiße Schäferhunde wirken auf den ersten Blick etwas fremdartig. Sie sind aber eine äußerst interessante Variante, mit einem eingeschworenen Liebhaberkreis.

... und denken Sie dran

Achten Sie stets darauf, dass das Fell des ausgewählten Welpen gesund aussieht. Es muss glänzen und am Körper anliegen, darf jedoch niemals stumpf oder struppig wirken. Kahle Stellen weisen auf Hauterkrankungen hin.

Schwarze Schäferhunde sind neben den weißen ebenfalls eine Besonderheit und erfreuen sich großer Beliebtheit.

Verhalten und Persönlichkeit des aktiven Deutschen Schäferhundes

Verhalten und die Persönlichkeit sind zwei Faktoren, die sich selbst innerhalb einer Rasse nur schwer verallgemeinern lassen. Vor vielen Jahren hatte der Deutsche Schäferhund noch den Ruf, unberechenbar zu sein, was sehr viel mit den wahllosen Zuchtpraktiken der 1960er Jahre zu tun hatte. In dieser Zeit war der Deutsche Schäferhund die populärste Rasse in den Vereinigten Staaten, und die Züchter produzierten zur Deckung der Nachfrage Unmengen von Welpen, ohne sich dabei Gedanken über das Temperament oder die Gesundheit der Tiere zu machen. Beispielsweise erreichten die Fälle von Hüftgelenksdysplasie in Deutschland circa 5 %.

Ausbürsten des Fells, besonders während der saisonalen Fellwechsel, sind Bäder nur dann erforderlich, wenn das Fell regelrecht verschmutzt ist und einen muffigen Geruch verströmt. Zu diesem Zweck eignet sich am besten ein Anti-Allergieshampoo, es sei denn, der Hund neigt zu einer öligen Haut, wofür die Anwendung eines milden fettlösenden Shampoos ratsamer ist.

Geben Sie einem Welpen ausreichend Zeit, sich nach dem Training so richtig zu erholen.

Hunde-sport

Sicherlich wird in Deutschland mit keinem Hund so intensiv Hundesport betrieben wie mit dem Deutschen Schäferhund.

Für Hunde mit einem abgeschlossenen Gehorsamkeitstraining bietet sich das Schutzhundtraining an, bei dem das Temperament und die Leistungsfähigkeit der Hunde auf die Probe gestellt werden.

Obwohl Verallgemeinerungen nicht auf alle Individuen zutreffen können, kann der Deutsche Schäferhund generell als aufmerksamer, menschenfreundlicher und leistungswilliger Hund beschrieben werden. Er ist jedoch kein Hund, den man als Wachhund im Hof an die Kette legt. Der Deutsche Schäferhund ist vielseitig begabt und fühlt sich am wohlsten, wenn er eine Aufgabe zu erfüllen hat, was auch der Grund dafür ist, weshalb so viele davon im Polizeidienst, bei der Drogenfahndung, im Rettungsdienst und als Schutzhunde eingesetzt werden. Ob ein Hund scheu oder unberechenbar ist, hat etwas mit seiner Genetik zu tun, wird jedoch auch davon beeinflusst, wie er erzogen, ausgebildet und sozialisiert wird.

Das Verhalten und die Persönlichkeit sind bei Hunden ungeheuer wichtige Faktoren, und in der Rasse des Deutschen Schäferhundes sind diesbezüglich einige Extreme nachzuweisen. Der ideale Deutsche Schäferhund ist weder aggressiv noch ängstlich, sondern eher ein liebenswerter Familienhund mit einem ausgeprägten Selbstwertgefühl, der willig seinen Platz im „Rudel" akzeptiert. Da er ein kräftiger Hund ist und ohne die nötige Erziehung großen Schaden anrichten kann, ist es ratsam, bei der Auswahl eines Welpen auf eventuell vorhandene Anzeichen für Verhaltensstörungen zu achten. Generell sollten alle Deutschen Schäferhunde in einer geeigneten Hundeschule trainiert werden. Wie viele andere Hunde hat auch der Deutsche Schäferhund ein Potential zur Unberechenbarkeit, das sich nur durch eine angemessene Ausbildung unterbinden und kontrollieren lässt.

Auch wenn viele Deutsche Schäferhunde das stundenlange Herumliegen und Faulenzen lieben, bevorzugen die meisten doch etwas Abwechslung in Form von Bewegung und Arbeitseinsätzen. Sie erfreuen sich an langen Spaziergängen, am Joggen mit dem Halter und finden nichts so schön wie gemeinsame Familienaktivitäten. Lassen Sie Ihren Welpen nicht längere Zeit ohne Aufsicht herumtollen, denn das birgt Gefahr von orthopädischen Krankheiten.

Sie müssen Ihrem Deutschen Schäferhund in jedem Fall beibringen, wo die Grenzen zu einem unakzeptablen Verhalten liegen. Ein mit Liebe aufgezogener und mit fester Hand erzogener, stets gut zu kontrollierender Deutscher Schäferhund ist ein wertvolles Familienmitglied. Dieser treue und liebenswerte Hund wird mit Hilfe eines korrekten Trainings Ihr persönlicher Schutzhund werden – Aggressivität und Unbe-

rechenbarkeit machen ihn hingegen zu einer unkontrollierbaren Bestie.
Wer daran interessiert ist, tiefer in die zahlreichen Möglichkeiten des Hundesports einzusteigen, für den bietet sich eine reiche Auswahl an Aktivitäten, für die sich der Deutsche Schäferhund bestens eignet. Er ist nicht nur ein ausdauernder Begleiter auf Spaziergängen und beim Joggen, er eignet sich mit der richtigen Ausbildung auch sehr gut zur Verrichtung sozialer Aufgaben – man denke nur einmal an die Blindenhunde. Die von den meisten Hundeschulen angebotenen und infrage kommenden Trainingsarten sind: Gehorsamkeitstraining, Ausbildung zum Ausstellungshund, Jagdhundtraining, Begleithundtraining, Spürhundtraining, Hütehundtraining und Schutzhundtraining.

... und denken Sie dran

Egal ob Sie nun einen Deutschen Schäferhund als Haushund oder zum Züchten suchen, achten Sie stets darauf, dass Sie vom Züchter einen Gesundheitspaß für Ihren Welpen bekommen. Am besten wählen Sie einen Welpen von einem VDH/FCI-Züchter aus, da hier die Zuchtvorschrift eine genetische Untersuchung vorschreibt.

In Ihren Rangkämpfen lernen junge Schäferhunde sich zu unterwerfen. Der Stärkere packt den Unterlegenen an der Kehle, ohne ihn zu verletzen. Nimmt der unterlegene Hund seine Unterwerfungshaltung auf dem Rücken liegend ein, dann lässt der Stärkere von ihm ab.

Was Sie wissen müssen, um den besten Deutschen Schäferhund zu finden

Den besten Deutschen Schäferhund finden Sie nicht durch Zufall und auch nicht ohne das nötige Hintergrundwissen darüber, worauf Sie bei der Auswahl ganz besonders achten sollten. Die Erfahrung, einen Hund mit genetisch bedingten Gesundheitsproblemen oder Verhaltensstörungen erworben zu haben, macht meistens der, der seinen Welpen impulsiv und rein

... und denken Sie dran

Lassen Sie sich niemals von anderen zum Kauf eines bestimmten Welpen überreden, wenn Sie nicht selbst der Meinung sind, daß dieser auch Ihrer persönlichen Wahl entspricht. Geschmäcker sind nun einmal verschieden, und von der Richtigkeit Ihrer Wahl muß niemand außer Ihnen selbst überzeugt sein.

nach dessen äußerem Erscheinungsbild ausgewählt hat, ohne dabei zu beachten, auf was es wirklich ankommt.

Die nächsten Seiten dieses Buchs sollen Ihnen – dem interessierten zukünftigen Besitzer eines Deutschen Schäferhundes - eine nützliche Hilfe bei der richtigen Auswahl Ihres neuen Gefährten sein.

Kürzlich wurde eine Studie durchgeführt, um zu ergründen, ob die Schwere und Häufigkeit von Haltungsproblemen eventuell im Zusammenhang damit steht, ob das Tier aus dem Tierhandel, von einem Züchter, privaten Vorbesitzer oder aus einem Tierheim stammt. Überraschenderweise konnten dabei keine auffälligen Unterschiede in der Häufigkeit auftretender Probleme festgestellt werden, dafür erwiesen sich jedoch ganz spezifische Schwierigkeiten als stark von der Bezugsquelle abhängig. Somit können Sie sich genau genommen auf keine dieser Bezugsadressen hundertprozentig verlassen, denn es gibt einfach keine Standards, an denen sich Ihr Urteilsvermögen generell orientieren kann.

Die meisten Tierärzte werden zum Kauf bei einem „guten" Züchter raten, doch gibt es keinen sicheren Weg, einen solchen einwandfrei unter vielen herauszufinden, es sei denn, Sie haben bereits persönliche Erfahrungen auf diesem Gebiet gesammelt. Die Tatsache, dass ein Züchter bereits einen oder mehrere Champions hervorgebracht hat, ist noch lange keine Garantie dafür, dass er nicht auch hier und da Tiere mit genetischen Defekten unter seinen Welpen hat.

Die beste Quelle ist daher die, bei der regelmäßig genetische Untersuchungen an den Eltern und Welpen durchgeführt werden und deren Dokumentation der Käufer einsehen kann. Wer einen Familien- oder Haushund sucht, der braucht sich keine Gedanken darüber machen, ob der erwählte Welpe Ausstellungsqualitäten besitzt. Ein kleiner Makel hier oder da, der das Tier als einen Ausstellungsgewinner disqualifizieren würde, hat keinerlei Einfluss auf dessen Eignung zu einem liebenswerten und gesunden Haushund. Außerdem werden viele in Privathand befindliche Hündinnen sowieso kastriert und nicht zur

Die Auswahl eines Deutschen Schäferhund-Welpen ist nicht einfach. Die entzückenden kleinen Gesichter rauben einem das Herz und machen die Auswahl fast unmöglich.

Zucht verwendet. Sie sollten sich also eher auf die Merkmale konzentrieren, die für Sie persönlich die wichtigsten sind.

Was braucht ein Deutscher Schäferhund?

Bevor Sie sich zum Kauf eines Deutschen Schäferhundes aus guter Quelle entscheiden, müssen Sie sich bereits einige Gedanken darüber gemacht haben, was Ihr neuer Hausgenosse alles benötigt, um sich richtig wohlzufühlen. Der Deutsche Schäferhund stellt als großer Hund nicht zu unterschätzende Platzansprüche. Neben dem regelmäßigen Auslauf mit Ihnen im Freien braucht ein Deutscher Schäferhund auch eine gewisse Bewegungsfreiheit in der Wohnung, also einen Teil eines Raums, in dem er ausgelassen spielen kann. Außerdem wird ein fester Schlafplatz benötigt, wo sich der Hund sicher fühlt und den er jederzeit aufsuchen kann. Hier wird auch das Hundebett platziert, das zum einen der Größe des Hundes angepasst sein muss und zum anderen eine herausnehmbare, waschbare Unterlage haben sollte. Der Fachhandel bietet in dieser Hinsicht eine reichhaltige Auswahl an verschiedensten Formen und Materialien. Neben dem festen Schlafplatz muss dem Hund auch ein permanenter Fressplatz eingerichtet werden, beispielsweise in der Küche. Hier haben Fress- und Wassernapf ihre festen Plätze; beide sollten aus einem leicht zu reinigendem Material bestehen und rutschfest sein. Der Wassernapf muss dem Hund unbedingt jederzeit zugänglich sein. Es empfiehlt sich, für Deutsche Schäferhunde etwas größere Näpfe auszuwählen, damit beim Fressen nicht so viel danebenfällt.

Natürlich gehören auch ein Halsband und eine Leine zur Grundausstattung Ihres

Wichtig für die gesunde Entwicklung eines jeden jungen Hundes ist ausreichend Platz, um sich austoben zu können. Natürlich hat nicht jeder Hundehalter so perfekte Bedingungen wie hier. Doch einen Platz in der Wohnung oder im Garten sollten Sie dem Hund zum ausgelassenen Spiel überlassen.

künftigen Lebensgefährten. Beide sollten ebenfalls der Größe des Hundes entsprechen und aus Leder oder einem reißfesten Textilmaterial sein. Leder- oder Textilhalsbänder sind gut für große Hunde wie den Deutschen Schäferhund geeignet. Das Halsband darf keinesfalls zu eng sein, sollte jedoch auch nicht so weit sein, dass der Hund es mit den Pfoten abstreifen kann. Kettenhalsbänder sind generell in der Wohnung oder beim Spielen im Garten abzunehmen, denn sie bergen die Gefahr, dass der Hund damit an Gegenständen hängenbleibt und sich bei dem Versuch, sich zu befreien, stranguliert.

Nicht zuletzt braucht Ihr Hund etwas, womit er sich beschäftigen kann – Spielzeug. Wenn Sie verhindern wollen, dass sich Ihr Hund an Möbeln, Teppichen, Kleidungsstücken oder dem Spielzeug Ihrer Kinder vergreift, dann sollten Sie ihm sein eigenes Spielzeug zur Verfügung stellen. Auch hier bietet der Fachhandel eine große Auswahl, die den Kunden vor die Qual der Wahl stellt. Die wichtigsten Punkte bei der Entscheidung für ein Spielzeug sind jedoch die, dass es groß genug sein muss, um nicht verschluckt werden zu können, andererseits aber auch nicht zu groß oder zu schwer sein darf. Das Spielzeug sollte unbedingt aus einem gesundheitlich unbedenklichen Material hergestellt sein, das nicht zerbrechen kann und keine spitzen oder scharfen Kanten hat oder das Wohlergehen des Hundes in anderer Weise gefährden könnte.

Das Wichtigste aber ist, dass Sie dem Deutschen Schäferhund die Zeit und Aufmerksamkeit widmen können, die er verlangt. Regelmäßige Spaziergänge und anderweitige Bewegung im Freien sind ausgesprochen wichtig. Es reicht nicht aus, ihn nur hin und wieder an die nächste Straßenecke zu führen, wo er sein „Geschäft" erledigen kann. Ein Hund von der Größe eines Deutschen Schäferhundes braucht tägliche Bewegung im Freien.

Medizinische Untersuchung

Ob Sie sich nun an einen Züchter, ein Tierheim oder den Tierfachhandel wenden, die Zielsetzung wird stets dieselbe sein: Sie möchten einen Deutschen Schäferhund finden, der gut in die Familie passt und der auf medizinische und verhaltensbedingte Probleme untersucht werden kann, bevor Sie sich endgültig für ihn entscheiden. Wenn der betreffende Verkäufer solche Untersuchungsergebnisse nicht vorweisen kann, dann sollten Sie sich in jedem Fall eine Gesundheitsgarantie in schriftlicher Form aushändigen lassen, die auch gleichzeitig ein der Rasse entsprechendes Temperament und Verhalten bestätigt. Wenn Sie ein Tier beim VDH/FCI-Züchter erwerben, wird Ihnen der Impfpass, Ahnentafel sowie der Nach-

... und denken Sie dran

Ein Leder- oder Textilhalsband hat die richtige Größe, wenn Sie ihre Finger bequem unter das Halsband schieben können, dabei jedoch nicht in der Lage sind, es im geschlossenen Zustand über den Hinterkopf und die Ohren des Hundes zu ziehen. Zu einem Kettenhalsband ist nicht zu raten, da die Kette das Fell des Tieres kaputtmacht.

Verhaltenstests können wertvolle Hinweise zur Persönlichkeit eines Welpen geben und bei der Auswahl eines gesunden Hundes sehr hilfreich sein.

weis über Entwurmung und Tätowierung automatisch ausgehändigt. Aber auch jeder Andere, der Welpen zum Verkauf anbietet, darf gewöhnlich nichts dagegen haben, wenn Sie den Hund erst einem Tierarzt vorführen möchten, bevor Sie sich letztendlich zum Kauf entschließen. Werden Ihnen die Papiere oder die Möglichkeit zu einem Gesundheitstest verweigert, dann sollten Sie sich besser nicht nur mit einer „Umtauschgarantie" zufriedengeben, sondern vielleicht doch gleich nach einer anderen Quelle Ausschau halten.

In jedem Fall sollten Sie, auch wenn Sie alle nötigen Unterlagen erhalten und sich bereits zum Kauf entschieden haben, nicht auf einen baldigen Besuch beim Tierarzt verzichten – dadurch ersparen Sie sich unter Umständen eine spätere Enttäuschung, und die mit einer Rückgabe des Tieres verbundenen Querelen. Laut dem BGB ist auch für Welpen ein „Rückgaberecht" von sechs Monaten gewährleistet.

Der Begriff „reinrassig" wird oft einfach dahingehend interpretiert, dass keine andere Rasse in die Zuchtlinie eingekreuzt wurde. Er zeichnet sich jedoch auch dadurch aus, dass keine oder zumindest keine eng miteinander verwandten Tiere der selben Rasse verpaart wurden, wie z. B. der Vater mit der Tochter oder die Mutter mit dem Sohn sowie Geschwister untereinander. Ein zuverlässiger Züchter händigt dem Käufer gewöhnlich mit den Zuchtpapieren einen Stammbaum aus. Diese Ahnentafel gibt dem Käufer Auskunft über die Abstammung seines Hundes und reicht gewöhnlich vier Generationen zurück. Desweiteren sind der Ahnentafel das Wurfdatum, die Zuchtbuchnummer, das Geschlecht, die Daten der Elterntiere, Großeltern und so weiter zu entnehmen. Bei Hunden aus den Zuchtverbänden angeschlossenen Zuchten, die Anerkennung der FCI besitzen, findet sich auch die Abkürzung FCI und die des Landesverbandes (für

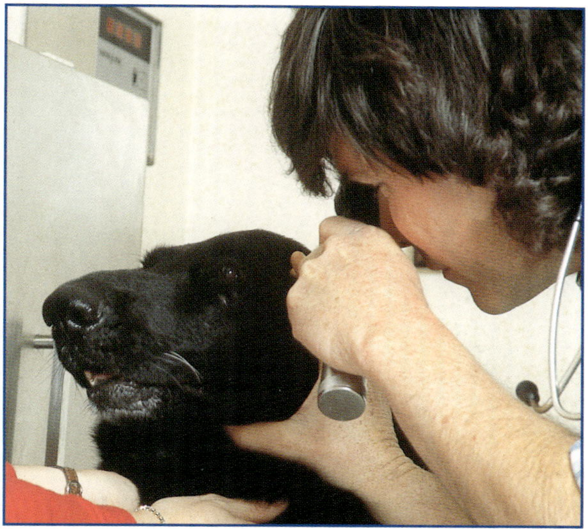

Deutschland der VDH). Wer daran interessiert ist, seinen Hund auf Ausstellungen vorzuführen, der muss unbedingt darauf achten, dass diese Abkürzungen, oder zumindest eine davon, aus der Ahnentafel ersichtlich sind, denn nur dann wird der Hund zu Ausstellungen zugelassen.

Der Eintrag HDo oder EDo besagt, dass die Zuchtlinie frei von Hüft- oder Ellbogengelenksdysplasie ist. Eine entsprechende Röntgenuntersuchung, die der Züchter bei neuen Zuchttieren durchführen lässt, ist allerdings nur bei bereits ausgewachsenen Hunden sinnvoll. Die entsprechende Eintragung kann erst bei Hunden ab einem Alter von einem Jahr vorgenommen werden. Heute gibt es bereits eine noch zuverlässigere Untersuchungsmethode in Form eines DNA-Tests, der auch bei jüngeren Hunden durchgeführt werden kann. Leider ist das bisher allerdings nur in bestimmten, speziell dafür ausgestatteten Instituten möglich und derzeit noch so kostspielig, dass sich nur wenige Züchter eine solche Untersuchung leisten.

Obwohl bei Deutschen Schäferhunden Fälle dieser Art von orthopädischen Problemen rückläufig sind, so ist die Rasse doch noch längst nicht davon gesäubert. Deshalb ist es das Bestreben verantwortungsbewusster Züchter, durch vorsorgliche Untersuchungen und Tests sicherzustellen, dass es nicht durch die Zucht mit diesbezüglich vorbelasteten Hunden zu einem erneuten Anstieg von Deformationen kommt. Eine mündliche Versicherung, dass keine Fälle von Hüft- oder Ellbogengelenksdysplasie innerhalb seines Zuchtstamms bekannt sind, ist nicht akzeptabel und bedeutet eigentlich nur, dass der betreffende Züch-

Der Tierarzt hat alle Möglichkeiten, ein potentielles Zuchtexemplar auf alle nur denkbaren Gesundheitsstörungen zu untersuchen.

... und denken Sie dran

Welpen werden frühestens in einem Alter von acht Wochen zum Verkauf freigegeben. Achten Sie unbedingt darauf, dass Sie einen Impfpass ausgehändigt bekommen, in dem die dem Alter des Hundes entsprechenden, bereits verabreichten Impfungen eingetragen sind. So erhalten Sie einen Überblick, welche Impfungen der Welpe noch und wann erhalten muss.

Diese Röntgenaufnahem zeigt, wie die Hüftgelenke eines gesunden Hundes aussehen müssen: Keine Anzeichen für Hüftgelenksdysplasie.

ter diese Frage nicht mit Gewissheit beantworten kann, der Käufer somit auf eine Garantie verzichten muss. Sie sind besser beraten, sich nun an einen anderen Züchter zu wenden.

Deutsche Schäferhunde sollten außerdem auf die Von-Willebrand-Krankheit hin untersucht werden (siehe Seite 80). Hierfür ist ein einfacher Bluttest ausreichend und auch wenn diese Krankheit nicht sonderlich häufig auftritt, so gibt es doch keine Entschuldigung dafür, wenn der Züchter diese Vorsorgeuntersuchung vernachlässigt.

Bei Junghunden, die älter als ein Jahr sind, kann eine umfassende Blutuntersuchung zur Feststellung des allgemeinen Gesund-

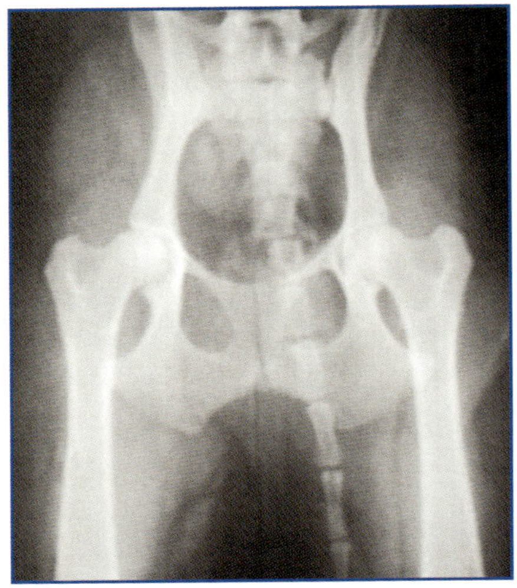

... und denken Sie dran

Bevor Sie sich zum Kauf eines bestimmten Welpen entschließen, bitten Sie den Züchter darum, etwas Zeit mit dem Hund verbringen zu dürfen. Nehmen Sie ihn hoch, spielen Sie mit ihm und beobachten Sie dabei aufmerksam sein Verhalten und seine Reaktionen. Sind Sie mit dem Ergebnis nicht zufrieden, dann schauen Sie sich besser nach einer Alternative um.

heitszustands durchgeführt werden. Gleichzeitig ist zu einem Urin- und Kottest zu raten. Bei Anzeichen für Haarausfall muss auch auf Räude untersucht werden. Der Tierarzt sollte außerdem eine gründliche Augenuntersuchung durchführen. Die häufigsten Augenerkrankungen bei Deutschen Schäferhunden sind Grauer Star, chronischer Nickhautvorfall und Netzhautdysplasie. Es ist ratsam, sich für einen Welpen zu entscheiden, dessen beide Elternteile auf vererbbare Augenkrankheiten hin untersucht und als „sauber“ erklärt wurden. Auch hierbei sollten Sie sich besser auf eine schriftliche Diagnose als auf eine mündliche Aussage verlassen.

Verhaltenstests

Medizinische Untersuchungen sind wichtig, jedoch sollten Sie darüber keinesfalls das Temperament eines Hundes vergessen. Es werden jährlich mehr Hunde aufgrund von Verhaltensstörungen eingeschläfert als infolge physischer Gesundheitsprobleme. Verhaltenstests sind daher ein wichtiger, wenn auch nicht unfehlbarer Bestandteil der Grunduntersuchung. Die Begründung dafür liegt in der Tatsache verborgen, dass viele Hunde letztendlich getötet werden müssen, weil sie plötzlich ein unberechenbares Verhalten

zeigen. Obwohl nicht alle Verhaltensanlagen bereits beim Welpen erkennbar sein müssen – eine Neigung zur Aggressivität braucht beispielsweise oftmals viele Monate, um sich zu entwickeln – können nervöse oder ängstliche Welpen meistens schon sehr früh erkannt und somit gemieden werden. Die korrekte Identifizierung solcherlei Anzeichen ist deshalb bei der Auswahl eines Hundes von großer Wichtigkeit.

Die am deutlichsten erkennbaren Anzeichen für Verhaltensstörungen bei Welpen sind Angst, leichte Erregbarkeit, eine niedrige Schmerzschwelle, extreme Unterwürfigkeit und eine erhöhte Geräuschempfindlichkeit. Die Bewertung des Temperaments eines Welpen kann bereits im Alter von sieben bis acht Wochen erfolgen, muss aber nicht verbindlich sein. Einige Verhaltensforscher, Züchter und Hundetrainer raten zu einer objektiven Verhaltenstestreihe, bei der das Tier in verschiedenen Kategorien bewertet wird. Andere stehen diesen Tests aber eher gleichgültig gegenüber, da auch sie in den meisten Fällen nur grobe Anhaltspunkte liefern.

Generell wird ein solcher Test in drei Phasen und von einer Person durchgeführt, die dem Welpen unbekannt ist. Die Untersuchung darf jedoch nicht innerhalb von 72 Stunden nach einer Impfung oder einer Operation stattfinden. Zuerst wird der Welpe in der Gruppe beobachtet und gehandhabt, um so sein Sozialverhalten zu testen. Werden dabei offensichtliche Anzeichen für ein gestörtes Sozialverhalten entdeckt – Schüchternheit, Hyperaktivität oder unkontrolliertes Beißen – dann ist Der Hund wahrscheinlich ungeeignet. Anschließend wird der Welpe von seinen Eltern und Geschwistern getrennt und beobachtet, wie er reagiert, wenn mit ihm gespielt und er beim Namen gerufen wird. In der dritten Testkategorie wird er dann auf verschiedene Art stimuliert, und es werden seine Reaktionen verfolgt. Dazu gehören Übungen, wie den Welpen auf die Seite zu legen, das Fell zu bürsten und die Krallen anzufassen, ein vorsichtiger Griff um die Schnauze sowie die Reaktionen auf unbekannte Geräusche.

Bei einer Studie, die in der psychologischen Abteilung der Staatlichen Universität von Colorado durchgeführt wurde, stellte sich heraus, dass in dieser dritten Testphase auch der Herzschlag einen guten Anhaltspunkt bietet. Dazu wird zunächst die Anzahl der Herzschläge im Ruhezustand ermittelt,

Das Verhalten des jungen Welpen verrät viel über seine spätere Entwicklung und sein Verhalten als Junghund. Auf keinen Fall darf er in der Gruppe zu zurückhaltend sein, aber auch nicht hyperaktiv oder gar beißwütig.

Das richtige soziale Verhalten erlernt ein Welpe in den ersten Lebenswochen. Dazu gehören Scheinkämpfe ebenso wie ein ausgeprägter Spieltrieb.

anschließend werden die Hunde durch ein lautes Geräusch stimuliert und dann gemessen, wie lange das Herz bis zum Wiedererreichen der normalen Schlagfolge in Ruhestellung benötigt. Im Durchschnitt erholen sich die Welpen innerhalb von 36 Sekunden von ihrem Schreck. Solche, die erheblich länger brauchen, um sich wieder zu beruhigen, werden als zur Ängstlichkeit neigend eingestuft.

Die Beurteilung solcher Testreihen findet in numerischer Form statt, wobei meistens elf verschiedene Übungen bewertet werden. Die „1" wird für besonders hervorzu-

hebende, positive Reaktionen und Verhaltensweisen vergeben, wohingegen das Bekunden von Desinteresse, Kontaktarmut und Passivität mit der schlechtesten Benotung, der „6", bedacht werden. Zu den zu testenden Verhaltensweisen gehören das Sozialverhalten gegenüber Menschen, Folgsamkeit, Zurückhaltung, soziale Dominanz, ob und wie sich der Hund durch den Prüfer vom Boden hochnehmen lässt, Apportieren, Berührungsempfindlichkeit, Geräuschempfindlichkeit, Jagdinstinkt sowie der Energiegrad. Obwohl diese Tests keinen zuverlässigen Aufschluss über das tatsächliche Temperament des Welpen geben, liefern sie dennoch wichtige und damit auch praktisch brauchbare Anhaltspunkte zu bestimmten Verhaltensanlagen. Sie ermöglichen somit auch das Erkennen von Tieren, die zu extremen Verhaltensweisen neigen.

Organisationen, die Sie kennen sollten

Die Rasse des Deutschen Schäferhundes genießt heute internationale Anerkennung durch folgende Institutionen: FCI (Fédération Cynologique Internationale), AKC (American Kennel Club), UKC (United Kennel Club), TKC (The Kennel Club of Great Britain), CKC (Canadian Kennel Club) und VDH (Verband für das Deutsche Hundewesen e.V.). Die letztgenannte Institution ist der nationale Hundezuchtverband Deutschlands, dem mehr als 140 Rassezuchtvereine angeschlossen sind und der in Dortmund ansässig ist. Er ist außerdem das mitgliederstärkste Mitglied der FCI und verantwortlich für die Führung von Zuchtbüchern, die Organisation von Ausstellungen, Leistungsprüfungen und die Präsentation aller Hunderassen. Allein in Deutschland sind 59 Rassen aus den Zuchten hervorgegangen, und auch in der Gebrauchshundklasse sind deutsche Rassen weltweit führend.

Die FCI ist die Dachorganisation in der Hundezucht und repräsentiert eine Vielzahl von Ländern. Dabei handelt es sich im Besonderen um die Staaten Europas, die gemeingültige Regeln für die Anerkennung der Rassen und die Zucht erlassen haben. Aufgrund der Anerkennung der einzelnen Rassen innerhalb der Mitgliedsländer der FCI umfasst das dort geführte Register etwa 400 verschiedene Rassen. Jede dieser Rassen konkurriert um diverse internationale Championate.

Verband für das Deutsche Hundewesen e. V. (VDH)
Westfalendamm 174
44141 Dortmund
www.vdh.de

Verein für Deutsche Schäferhunde (SV)
Steinerne Furt 71
86167 Augsburg
www.schaeferhunde.de

Fédération Cynologique Internationale (FCI)
13 Place Albert I
B-6530 Thuin/Belgien
www.fci.be

Intern. Rasse-Jagd-Gebrauchs-Hunde-Verband e.V.
Pörndorf-Moos 7
94501 Aldersbach

Registrierung von Deutschen Hunden: Haustierzentralregister für Deutschland e. V. TASSO
www.tasso.net

Deutscher Tierschutzbund
Baumschulallee 15
53115 Bonn
www.tierschutzbund.de

Worüber Sie täglich entscheiden müssen, um einen Deutschen Schäferhund ein Leben lang gesund zu erhalten

Bei der Aufzucht eines gesunden Deutschen Schäferhundes ist die Ernährung natürlich einer der wichtigsten Punkte. Es handelt sich hierbei jedoch auch um ein vielfach umstrittenes Thema zwischen Züchtern, Tierärzten, Hundehaltern und Hundefutterherstellern.

Allerdings haben viele der dabei gebrauchten Argumente einen eher kommerziellen als wissenschaftlichen Hintergrund.

Werfen wir zuerst einen Blick auf die vielen Hundefutterarten und untersuchen dann die Bedürfnisse unserer Hunde. Dieses Kapitel befasst sich wiederum mehr mit dem Deutschen Schäferhund als „Haushund" und weniger mit dem Ausstellungs- oder Gebrauchshund.

Es ist sehr wichtig, darauf hinzuweisen, dass keinesfalls rohes Schweinefleisch an den Deutschen Schäferhund verfüttert werden darf, da hier ein Herpesvirus – in der Fachsprache Aujeszky Krankheit genannt – auftreten kann.

Handelsübliches Hundefutter

Für den Hersteller von handelsüblichen Futterarten sind zwei Grundfaktoren ausschlaggebend: Wie gewinnt man den Verbraucher für das Produkt und erfüllt gleichzeitig die spezifischen Ansprüche der Hunde. Einige Produkte werden wegen ihres hohen Proteingehalts hervorgehoben, andere beinhalten „spezielle Zutaten" und wieder andere verkaufen sich, weil sie eben bestimmte Stoffe nicht enthalten, wie beispielsweise Konservierungsstoffe oder Sojamehl.

Der Verbraucher, also in unserem Fall der Hundehalter, wünscht sich ein Futter, das die speziellen Bedürfnisse seines Hundes deckt, preiswert ist und keine, oder zumindest möglichst wenige unerwünschte Folgeerscheinungen verursacht. Die meisten handelsüblichen Arten werden als Trocken-, halbfeuchtes oder in Dosen abgefülltes Futter angeboten.

Das Trockenfutter in Form von Pellets oder Flocken ist das ökonomischste, weist den niedrigsten Fettgehalt auf und ist am längsten haltbar. Dosenfutter ist vergleichsweise teuer, enthält gewöhnlich neben mindestens 75 % Wasser auch den höchsten Fettanteil und besitzt darüberhinaus, geöffnet, die kürzeste Haltbarkeitsdauer. Halbfeuchte Futterarten sind ebenfalls teuer und aufgrund ihres hohen Zuckergehaltes nicht generell für Hunde zu empfehlen.

Beim Kauf von handelsüblichen Futtersorten muss unbedingt darauf geachtet werden, dass nicht nur die Zusammenstellung der enthaltenen Nährstoffe ausgewogen ist, sondern auch darauf, dass diese Zusammenstellung dem Alter und damit den individuellen Bedürfnissen des Hundes entspricht. Alte Hunde benötigen eine andere Nährstoffzusammensetzung als erwachsene, Junghunde oder Welpen. Außerdem sollte dem Aufdruck der Verpackung neben den Hinweisen, für welche Altersstufen das Futter geeignet ist und einer Aufstellung der Inhaltsstoffe nebst deren Nährwerten, auch eine Anleitung zu den Portionierungen zu entnehmen sein – Gewicht des Hundes = Gramm Futter pro Tag.

Die wichtigsten Grundregeln für eine gesunde Ernährung sind abgesehen von der

Ein Welpe eines Deutschen Schäferhunds benötigt eine andere Ernährung als ein erwachsener Hund. Der Züchter sagt Ihnen gerne, welches Futter er verwendet, so dass Sie den Welpen ebenso gesund weiterernähren können.

Eine Deutsche Schäferhündin beginnt mit dem Säugen ihrer Welpen etwa 24 Stunden nach der Geburt und stellt es erst ein, wenn die ersten Zähne durchbrechen.

Auswahl des richtigen Futters und dem Verabreichen geeigneter Portionen: kein zu kaltes oder zu heißes Futter, Futterreste sofort aus dem Napf entfernen, sobald der Hund zu fressen aufhört, kein rohes Fleisch verfüttern, ständig frisches Wasser zur Verfügung stellen und Ruhe vor und nach den Mahlzeiten.

Ernährung von Welpen

Kurz nach ihrer Geburt, zumindest jedoch innerhalb 24 Stunden danach, sollte die Hündin beginnen, ihre Welpen zu säugen. Die Erstmilch (Kolostralmilch) ist stark mit Antikörpern angereichert und bewahrt die Welpen so innerhalb ihrer ersten Lebensmonate vor Infektionskrankheiten. Welpen sollten mindestens sechs Wochen lang gesäugt werden, bevor die endgültige Entwöhnung stattfindet. Mit den ersten Beifütterungen kann bereits ab einem Alter von drei Wochen begonnen werden. Spätestens ab einem Alter von zwei Monaten sollten die Welpen mit speziellem Welpenfutter drei- bis viermal täglich gefüttert werden. Sie befinden sich nun in einem wichtigen Wachstumsalter, weshalb sich ein in dieser Zeit entstehender Nährstoffmangel oder eine Unausgewogenheit stärker niederschlägt und größeren Schaden anrichtet als in jedem anderen Alter. Das heißt mit anderen Worten, Überfütterungen sind genauso zu vermeiden wie Verabreichungen von speziellen Leistungsfutterarten. Das Überfüttern eines Deutschen Schäferhundes resultiert in Übergewicht, das wiederum ernsthafte Schäden am Knochengerüst begünstigen kann. Krankheiten, die negativ beeinflusst werden, sind Osteochondrose oder Hüftgelenksdysplasie .

Wie eine Menschenmutter, so ist auch eine Hundmutter nach der Geburt stark geschwächt. Gönnen Sie Ihr Erholung an einem ruhigen Platz.

Das Welpenfutter sollte bis zu einem Alter von zwölf bis achtzehn Monaten beibehalten werden. Die meisten Deutschen Schäferhunde werden erst in einem Alter von etwa 2 1/2 Jahren erwachsen und profitieren deshalb von einer längeren Ernährung mit diesem speziell auf das Wachstum abgestimmten Welpenfutter. Deshalb ist auch bis zu einem Alter von zwölf bis 18 Monaten zu einer drei- bis viermaligen Fütterung pro Tag zu raten. Ab dem 18. Lebensmonat können die Fütterungen dann auf zwei- oder auch einmal täglich umgestellt werden, wobei zwei Mahlzeiten pro Tag der Vorzug zu geben ist. Zu diesem Zeitpunkt findet die Umstellung auf eine Futtersorte für erwachsene Hunde oder speziell für Junghunde (1 bis 2 Jahre) statt. Im Zweifelsfall ist es das Beste, Ihren Tierarzt nach der richtigen Futterzusammensetzung und Futtermenge zu fragen.

Sie müssen stets daran denken, dass Welpen und Junghunde eine ausgewogene Ernährung brauchen. Sie dürfen sich deshalb aber nicht dazu verleiten lassen, dem Futter willkürlich Protein-, Vitamin- oder Mineralstoffgaben beizumischen. Kalziumbeigaben haben in zu hohen und zu häufigen Dosierungen, besonders bei größeren Hunderassen, bereits in vielen Fällen zu Knochen- und Knorpeldeformationen geführt. Die handelsüblichen Welpenfutter sind generell mit größerenKalziummengen angereichert, weshalb ein zusätzliches Dazufüttern meistens in einer Überdosierung ausartet. Es ist heute bewiesen, dass ein solches Zuviel des Guten zu schweren Schädigungen beim heranwachsenden Hund führt.

Futter für den erwachsenen Hund

Das Ernährungsziel bei erwachsenen Hunden ist „zu erhalten". Mit anderen Worten ausgedrückt: Der Hund hat die Wachstumsphase hinter sich und ist hoffentlich zu einem gesunden und gut gebauten Hund herangewachsen. Das heißt jedoch nicht, dass er nun mit minderwertigem Futter oder „Küchenabfällen" ernährt werden kann, ohne dabei auf Dauer Schaden zu nehmen. Das Futter muss nach wie vor ausgewogen sein, kann jedoch weniger

der speziellen Inhaltsstoffe für ein gesundes Wachstum enthalten. Der Organismus eines erwachsenen Hundes stellt andere Ansprüche als der eines Welpen, was bei der Zusammenstellung von handelsüblichen Futterarten vom Hersteller berücksichtigt wird. Wir wollen, dass der gesunde Hund auch gesund erhalten wird und versorgen ihn deshalb mit einem seinen Bedürfnissen angepassten Futter. Die Portionen müssen seinem Gewicht und Aktivitätsgrad entsprechen, damit es weder zu einem zu starken Gewichtsabbau noch zu Übergewicht kommt.
Die Tatsache, dass der erwachsene Hund nicht mehr wächst, hat nicht zu bedeuten, dass er deshalb bei einer falschen oder unausgewogenen Ernährung keinen Schaden nimmt. In diesem Fall ist es jedoch so, dass die dadurch auch bei ihm entstehenden Probleme länger im Verborgenen bleiben und werden sie letztendlich doch bemerkt, nur noch sehr schwer oder überhaupt nicht mehr zu beheben sind. Also, auch bei einem erwachsenen Hund muss auf die Qualität des Futters geachtet werden, um das, was Sie im Welpenalter mit Liebe und Bedacht aufgebaut und erreicht haben, auch weiterhin zu erhalten.
Neben den Futtersorten, die hauptsächlich eine Zusammensetzung aus pflanzlichen und tierischen Stoffen aufweisen, ist gegen eine Ernährung mit Futter auf Getreidebasis nichts einzuwenden. Ganz im Gegenteil sind diese Futterarten ausgesprochen ökonomisch, und die meisten Hunde profitieren von einem Futter, das sich aus leichtverdaulichen und dennoch nahrhaften Bestandteilen zusammensetzt. Die Preise für solche Futtersorten bewegen sich im Vergleich mit den sehr teuren Super-Premium-Sorten und den sogenannten Billigfutterarten irgendwo in der Mitte. Sie sollten sich jedoch stets weniger am Preis, der Bekanntheit des Herstellernamens oder am Proteingehalt allein, sondern eher an der gesamten Zusammensetzung und daran orientieren, ob das betreffende Futter den Ernährungsansprüchen Ihres Hundes gerecht wird. Im Zweifelsfall fragen Sie am besten Ihren Tierarzt um Rat.

Ansprüche im Alter

Im Alter von etwa sieben Jahren wird der Deutsche Schäferhund als älterer Hund bezeichnet. Diese Phase bringt nicht nur ein etwas gezügelteres Temperament, sondern gleichfalls einige andere Veränderungen mit sich, durch die sich auch die Ernährungsansprüche des Hundes verschieben. Wenn Hunde in die Jahre kommen, verändert sich genau wie beim Menschen der Stoffwechsel, das heißt, er wird langsamer. Diesem Umstand muss Rechnung getragen werden.
Wenn einem älteren Hund die gleichen Portionen wie einem jüngeren verabreicht werden, resultiert das durch den verlangsamten Stoffwechsel in einer Gewichtszunahme. Übergewicht ist aber das Letzte, was Sie bei einem älteren Hund wollen, denn dadurch erhöht sich das Risiko für etliche andere Gesundheitsprobleme. Mit zunehmendem Alter verlangsamen sich auch die Funktionen der Organe. Das Verdauungssystem, die Leber, Bauchspeicheldrüse und Gallenblase arbeiten nicht mehr wie bei einem jungen Hund. Das Verdauungssystem hat nun schon Probleme damit, alle Nährstoffe aus dem Futter zu extrahieren. Eine langsam voranschreitende Beeinträchtigung der Nierenfunkti-

Ein aktiver Deutscher Schäferhund gedeiht am besten bei einer Ernährung mit einem ausgewogenen Leistungsfutter. Ihr Tierarzt kann Ihnen bestimmte Futtersorten empfehlen, die dem Aktivitätsgrad des individuellen Tieres entsprechen.

on ist eine weitere, leider völlig normale Alterserscheinung.
Der Halter eines älteren oder alten Hundes muss in erster Linie verstehen lernen, dass ein bestimmter Grad von körperlicher und geistiger Degeneration im Alter etwas Normales ist. Dies sollte der erste Schritt zu einer altersgerechten Ernährung sein. Das Ziel liegt darin, den potentiellen Schaden so gering wie möglich zu halten, indem wir das Wissen um die Alterserscheinungen bereits in die Ernährung mit einbeziehen, wenn der Hund noch gesund ist und nicht erst, wenn er bereits an den Folgen einer nicht altersgerechten Ernährung erkrankt ist.
Ältere Hunde müssen individuell behandelt werden. Während einige von den handelsüblichen Seniorenhundefutterarten profitieren, bekommen anderen das extrem leichtverdauliche Welpenfutter oder die als Super-Premium bezeichneten Sorten besser. Das letztgenannte Futter beinhaltet eine hervorragende Mischung aus gut verdaulichen Zutaten und Aminosäuren, jedoch weisen einige Sorten leider einen für ältere Hunde zu hohen Salz- und Phosphorgehalt auf.
Ein weiterer Punkt bei älteren Hunden ist die stärkere Anfälligkeit für Arthritis, weshalb Übergewicht unbedingt vermieden werden muss, denn es bedeutet für die

Ernährungsplan für den gesunden Deutschen Schäferhund

Junger Deutscher Schäferhund bis 18 Monate
Erhöhter Bedarf an Rohproteinen, Rohfetten und Kalzium/Phosphor; verminderter Bedarf an Kohlehydraten

Aktiver erwachsener Deutscher Schäferhund
Erhöhter Bedarf an Rohproteinen, Rohfetten und Rohfasern; verminderter Bedarf an Kohlehydraten

Übergewichtiger Deutscher Schäferhund
Erhöhter Bedarf an Kohlehydraten und Rohfasern; verminderter Bedarf an Rohfetten und Rohproteinen

Alter Deutscher Schäferhund
Erhöhter Bedarf an Kohlehydraten und Rohfasern; verminderter Bedarf an Rohfetten, Rohproteinen und Phosphor/Natrium

Allergischer Deutscher Schäferhund
Hypoallergene Diät aus Lamm und Reis; kein Soja- und Rindereiweiß, kein Weizenkleber

Gelenke eine unnötige Belastung. Bei Hunden mit Gelenkschmerzen kann eine Anreicherung des Futters mit Fettsäuren wie einer Mischung aus Cis-Linolensäure, Gamma-Linolensäure und Eicosapentenolsäure Wunder wirken.

Andere Ernährungsansprüche

Es ist wichtig zu verstehen, dass eine falsche oder unausgewogene Ernährung die Entwicklung von orthopädischen Krankheiten wie der Hüftgelenksdysplasie und Osteochondrose begünstigen kann. Bei der Ernährung eines derart gefährdeten Welpen muss deshalb auf stark kalorienhaltiges Futter verzichtet und besser mehr als dreimal täglich mit kleinen Portionen gefüttert werden. Dadurch können plötzliche Wachstumsprünge verhindert werden, die in einer instabilen Gelenkausbildung resultieren. In jüngster Zeit durchgeführte Untersuchungen haben gezeigt, dass der Elektrolytgehalt im Futter ebenfalls eine Rolle bei der Entwicklung von Hüftgelenksdysplasie spielen könnte. Futtersorten mit einem ausgewogeneren Anteil an positiv und negativ geladenen

Elementen wie Natrium, Kalium, Chloriden usw. erwiesen sich für Hunde mit der Veranlagung zu Hüftgelenksdysplasie als geeigneter und weniger krankheitsfördernd. Auf Beifütterungen mit Kalzium, Phosphor und Vitamin D sollte ebenfalls unbedingt verzichtet werden, denn diese Stoffe beeinträchtigen eine normale Knochen- und Knorpelentwicklung. Der Kalziumhaushalt wird im Körper durch Hormone wie Parathormone und Calcitonin sowie Vitamin D reguliert. Zusätzliche zum Futter verabreichte Mengen von Kalzium, Phosphor und Vitamin D stören diese natürliche Regulation. Außerdem können zu hohe Kalziumbeigaben die Absorbtion von Zink im Verdauungssystem negativ beeinflussen. Wer dennoch nicht auf die Vollständigkeit und Ausgewogenheit von handelsüblichen Futtersorten vertraut, sollte mit seinem Tierarzt über Beigaben von Eicosapentenolsäure, Gamma-Linolensäure und Vitamin C sprechen.

Bei keiner Futterart kann die Entstehung von Blähungen völlig ausgeschlossen werden, jedoch kann sich eine veränderte Form der Futtergaben positiv auswirken. Blähungen entstehen bei Hunden, wenn der Magen durch verschluckte Luft geweitet wird. Dieses Luftschlucken ist eine Folge von hastigem Fressen oder Trinken, Stress und zu viel Bewegung kurz vor den Mahlzeiten. Dem kann durch zwei bis drei kleinere Mahlzeiten anstatt einer großen pro Tag Abhilfe geschaffen werden. Außerdem sollten Sie in solchen Fällen das Trockenfutter mit etwas Wasser anweichen, um das Herunterschlingen zu erschweren. Darüberhinaus ist es äußerst wirksam, wenn Sie Ihren Hund eine Stunde vor und nach der Mahlzeit von Aktivitäten wie Herumrennen und Ähnlichem abhalten.

Die vielleicht am häufigsten im Handel angebotenen „Beifutter“ sind Fette. Sie werden unter dem Vorwand angepriesen, dass sie zu einem schöneren und glänzenden Fell beitragen, und der Hund dadurch natürlich noch gesünder aussieht. Die einzige Fettsäure, die für diese Zwecke wirklich wichtig ist, wird als Cis-Linolensäure bezeichnet und ist in Leinsamenöl, Sonnenblumenöl und Safranöl enthalten. Getreideöl ist ebenfalls eine brauchbare, jedoch weniger effektive Alternative. Die meisten angebotenen Produkte beinhalten hingegen große Mengen gesättigter und einfach ungesättigter Fettsäuren, die zu einem glänzenden Fell und einer gesunden Haut keinen Beitrag leisten. Für Hunde mit Allergien, Arthritis, hohem Blutdruck und einigen bestimmten Herzkrankheiten, wird der Tierarzt wahrscheinlich andere Fettsäuren als Futterbeigaben verordnen.

… und denken Sie dran

Gehen Sie bei der Auswahl des Futters nicht davon aus, dass das teuerste Produkt auch gleichzeitig das beste ist. Die Qualität eines Futters wird nicht vom Verkaufspreis, sondern stets von seiner Zusammensetzung bestimmt, die auf das Alter des Hundes und dessen Aktivitätsgrad abgestimmt sein sollte.

Gute Fettprodukte enthalten die wichtigen Fettsäuren Gamma-Linolensäure, Eicosapentenolsäure und Docosahexaenolsäure, die alle auf natürliche Weise entzündungshemmend wirken. Dennoch sollten Sie sich nicht von billigen „Fälschungen" täuschen lassen, denn nur wenige und vergleichsweise teure Produkte enthalten diese wertvollen Stoffe – die meisten anderen können nicht halten, was der Hersteller verspricht. Sie verwenden minderwertige Zusatzstoffe. Der sicherste Weg ist deshalb der, nur solche Produkte zu kaufen, auf deren Verpackung Sie die Namen der zuvor genannten Fettsäuren als verwendete Bestandteile finden.

Die Kommandos „Sitz" und „Platz" können dem Welpen mit ein bisschen Geduld einfach vermittelt werden und erleichtern das Zusammenleben von Hund und Mensch sehr. Foto: Handschack

Allgemeines zur Erziehung eines Deutschen Schäferhundes

Über die Erziehung von Hunden gibt es viele unterschiedliche Meinungen. Wird einmal davon abgesehen, dass generell darüber Einigkeit herrscht, dass ein Hund prinzipiell stubenrein sein sollte, gehen die Meinungen über weiterreichende Erziehungsmaßnahmen doch recht weit auseinander. Es gibt Menschen, welche die Einstellung vertreten, dass ein Hund aufgrund seiner Abstammung so etwas wie ein Wildtier sei und erzieherische Maßnahmen durch den Menschen die natürlichen Motivationen des Tieres unterdrücken würden. Andere wieder meinen, dass das Bemühen einen Hund zu erziehen, keinem anderen Zweck dienen würde, als das Tier zu vermenschlichen, weil man zwar mit dem Tier, jedoch nicht mit dessen tierischem Verhalten leben möchte. Dann hört man immer wieder, dass die erzieherischen Maßnahmen vor einem Alter von einem Jahr sinnlos wären, weil der Welpe vorher nicht lernfähig sei.

Wir wollen hier nicht diskutieren, wer die richtige und wer die falsche Meinung vertritt, jedoch sollten wir uns doch in einem Punkt einig sein: Ein gewisser Grad an Disziplin und Gehorsamkeit gereicht dem Hund bestimmt nicht zum Schaden und macht noch lange keinen Menschen aus ihm. Und je früher Sie mit der Erziehung beginnen, um so leichter geht das Lernen voran. Schwierig wird es erst dann, wenn sich schlechte und unerwünschte Marotten bereits fest etabliert haben und dem Hund dann wieder aberzogen werden müssen.

Wenn wir von der Grunderziehung des Deutschen Schäferhundes reden, dann ist damit die Stubenreinheit gemeint, dass er brav an der Leine laufen sollte und sich nicht an Dingen vergreift, die nicht für ihn bestimmt sind. Ein ebenfalls wichtiger Punkt ist die Sozialisierung mit anderen Tieren und Menschen. Es wird auch nicht ohne das eine oder andere Kommando gehen, denn Sie werden gewiss wollen, dass Ihr Hund kommt, wenn Sie ihn rufen oder sich hinlegt oder -setzt, wenn Sie ihn dazu auffordern.

Die Erziehung eines Hundes erfordert in erster Linie Geduld und Verständnis. Ein Hund, besonders ein sehr junger, kann das vom Menschen gesprochene Wort nicht verstehen, weiß also erst einmal nichts mit Befehlen wie „Nein", „Sitz", „Aus" oder „Fuß" anzufangen. Es ist also Ihre Aufgabe deutlich zu machen, was diese Worte bedeuten. Ein Hund lernt jedoch sehr schnell, positive Reaktionen von negativen zu unterscheiden, und er reagiert sehr gut auf unterschiedliche Stimmlagen und Lautstärken wie auch auf die Körpersprache des Menschen. Es stehen Ihnen also eine ausreichende Menge Hilfsmittel bei der Erziehung Ihres Deutschen Schäferhundes zur Verfügung.

Ein Welpe hat natürlich noch kein gut ausgeprägtes Langzeitgedächtnis, weshalb es ungeheuer wichtig ist, dass die einzelnen Lernschritte stetig wiederholt werden. Außerdem dürfen die Lektionen nicht zu lange dauern, denn die Konzentrationsspanne eines Welpen ist sehr begrenzt. Am wichtigsten ist zunächst das korrekte Befolgen der Kommandos „Fuß", „Komm" und „Aus" auf den Ruf des Halters hin .

Stubenreinheit

Die Erziehung zur Stubenreinheit beginnt damit, dass Sie Ihren Welpen eingehend beobachten. Jeder Welpe zeigt deutlich, dass er nach draußen muss, indem er unruhig hin und her läuft, sich ständig im Kreis dreht und aufgeregt hier und dort auf dem Boden herumschnuppert. Wann immer Sie ein solches Verhalten beobachten, sowie nach jeder Mahlzeit und nach jedem Schläfchen des Welpen, bringen Sie ihn auf dem schnellsten Weg nach draußen, wo er sich erleichtern kann. Ist das geschehen, loben Sie ihn ausgiebig. Das sollten Sie auch dann tun, wenn der Hund sein Geschäft während eines Spazierganges erledigt.

Stubenreinheit ist meist das erste Erziehungsziel, das Sie für Ihren Welpen haben. Seien Sie geduldig, beobachten Sie sein Verhalten und bestrafen Sie keine „Schandtaten“, die schon etwas zurückliegen. Der Welpe kann dies nicht mehr zuordnen.

Kommt es in der Wohnung zu einem „Unfall“ und Sie ertappen Ihren Welpen auf frischer Tat, erteilen Sie ihm ein strenges „Nein“ und bringen ihn nach draußen. Entdecken Sie das Malheur erst später, ist der Zeitpunkt für einen Tadel bereits verstrichen. Entfernen Sie die „Hinterlassenschaft“ kommentarlos und desinfizieren Sie die Stelle, damit der Welpe nicht durch den Geruch zu einer Wiederholung seiner Schandtat verleitet wird.

Um sicherzustellen, dass sich Ihr Welpe nachts meldet, grenzen Sie seinen Bewegungsradius um seinen Schlafplatz herum ein. Dazu kann beispielsweise ein Laufgitter sehr nützlich sein. Da der Welpe instinktiv vermeiden will, seinen Schlafplatz zu verschmutzen, wird er sich bemerkbar machen. Kann er sich hingegen frei in der Wohnung bewegen oder ist der Bewegungsradius um seinen Schlafplatz zu groß bemessen, wird er sich entweder einen Platz irgendwo in der Wohnung suchen oder sein Geschäft zumindest so weit wie möglich von seinem Schlafplatz entfernt verrichten.

Leinenführigkeit

Wenn Sie mit Ihrem Deutschen Schäferhund Gassi gehen, dann werden Sie nicht wollen, dass er wie ein Wilder an der Leine zerrt oder Sie ihn stets hinter sich herziehen müssen. Das ist nicht nur für Sie eine unbequeme und anstrengende Art des Spazierengehens, sondern auch für den Hund, denn das dadurch sehr eng sitzende Halsband verursacht ihm Unbehagen. Paradoxerweise wird er nun um so mehr ziehen oder noch weiter zurückbleiben, in der Hoffnung, das störende enge Gefühl am Hals so loswerden zu können. Der Hund muss also lernen, dass er dieses Unbehagen selbst

Ausgiebiges Lob ist äußerst wichtig für jeden Hund.
Für die Aussicht gekrault zu werden und vielleicht sogar ein Leckerchen abzustauben lässt er sich leicht zum Kommen überreden.
Foto: Handschack

Wichtig ist es, dass Sie stets mit dem Hund sprechen – „Hasso, Fuß!" Der Name des Hundes steht immer an erster Stelle, um so seine Aufmerksamkeit zu erlangen. Dann folgt unmittelbar darauf das entsprechende Kommando. Das „Fuß"-Kommando ist ein kurzes, energisch, aber dennoch lockend gesprochenes Kommando. Energisch ist hier aber bitte nicht mit laut zu verwechseln. Das „Nein“ ist ein ebenfalls kurzes aber strenges Kommando, denn es soll deutlich machen, dass Sie die Handlung Ihres Hundes nicht billigen. Anhand der unterschiedlichen Tonlagen erkennt der Hund sehr deutlich, wann er gelobt und wann er getadelt wird.

Um die Aufmerksamkeit des Hundes zu erhalten, klopfen Sie während des Laufens mit Ihrer linken Hand leicht gegen Ihren linken Oberschenkel. Der Hund nimmt dieses leise Geräusch wahr und

verursacht, denn wenn er brav neben Ihnen herläuft, sind Halsband und Leine locker.

Gewöhnlich wird der Hund auf der linken Seite neben Ihnen geführt, Sie halten die Leine in Ihrer rechten Hand, so dass sie in einem leichten Bogen locker durchhängt. Ihre linke Hand dient der Kontrolle des Hundes. Wenn er sich wie oben beschrieben verhält, das heißt, wann immer Ihr Hund sich egal in welche Richtung von Ihnen entfernt, greifen Sie mit der linken Hand in die Leine und bringen ihn mit einem kurzen Ruck an der Leine zurück in seine korrekte Position und begleiten diese Korrektur mit einem strengen „Nein".

richtet seine Aufmerksamkeit auf die Bewegung Ihrer Hand. Dadurch läuft er automatisch auf Ihrer Höhe und in Ihrem Tempo mit. Dabei wird der Name des Hundes und das Kommando stets wiederholt. Außerdem loben Sie ihn immer wieder kräftig, wenn er korrekt „Fuß“ läuft, so dass sich diese Lektion bei Ihrem Hund als positive Erfahrung einprägt. Sie können in Ihrer linken Hand auch einen Leckerbissen, etwa auf Kopfhöhe des Hundes halten, dem er unweigerlich folgen wird, nur birgt die das Risiko, dass Ihr Hund versuchen wird, durch Stupsen oder Hochspringen an diesen Leckerbissen heranzukommen.

Kommen auf Ruf

Dieses Kommando ist ausgesprochen wichtig, vor allem in einer Situation, in der Ihr Hund nicht an der Leine ist. Dieser Befehl ist wie ein Lockruf und sollte entsprechend klingen. Auch hier rufen Sie erst den Namen Ihres Hundes und gleich anschließend das Kommando „Komm" oder „Komm her", wobei Sie etwas in die Knie gehen und mit beiden Händen leicht auf Ihre Schenkel klopfen. Kommt der Hund willig auf Sie zu, wird er ausgiebig gelobt und vielleicht mit einem Leckerchen belohnt. Diese Übung lässt sich beispielsweise anlässlich jeder Mahlzeit sinnvoll wiederholen.

An allem wird herumgeknabbert. Das Problem ist, dass dabei kein Unterschied zwischen fressbar und nicht fressbar gemacht wird. Umso wichtiger ist das Kommando „Aus".

Es ist von größter Wichtigkeit, dass Sie Ihrem Hund auf keinen Fall hinterherlaufen, wenn er das Kommando nicht befolgt. Gejagt zu werden, ist für Hunde eines der größten Spielvergnügen, weshalb Ihr Hund immer weiterlaufen wird, um dieses „Spiel" so richtig auszukosten. In einer solchen Situation tun Sie am besten genau das Gegenteil: Sie drehen sich in die entgegengesetzte Richtung und entfernen sich langsam von Ihrem Hund, wobei Sie Ihn wiederholt mit Namen und Kommando zum Folgen verlocken. In der Regel wird auch genau das passieren, denn der Welpe weiß instinktiv, dass er ohne Sie verloren ist und wird sich bei einer zunehmenden Distanz zwischen ihm und Ihnen schnell eines Besseren besinnen.

Befolgt Ihr Hund das Kommando nicht beim ersten Mal, sondern erst nach mehrmaligem Rufen, darf er dafür nicht bestraft werden, denn diese negative Erfahrung wird der Hund in Zukunft nicht mit seiner verspäteten Reaktion, sondern vielmehr mit dem Kommando selbst in Zusammenhang bringen. Das wiederum resultiert dann in einer permanent zögerlichen Reaktion bei späteren Übungen oder sogar darin, dass er Ihrem Ruf gar nicht mehr folgt, aus Angst vor der scheinbar damit verbundenen Strafe.

Das Auslassen

Welpen sind wie Kleinkinder und wollen an allem herumknabbern. Dabei machen sie zwischen fressbaren und nichtfressbaren Objekten keinen Unterschied, und so werden schnell Dinge verschluckt oder aufgefressen, die im Magen eines Hundes nichts verloren haben. Diese Gefahr

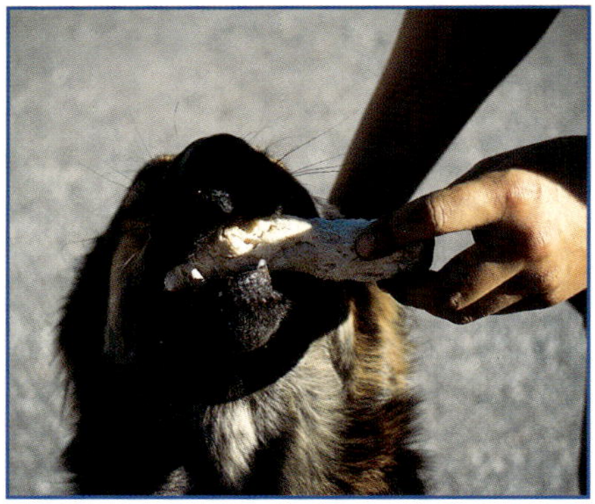

besteht überall und ist stets gegenwärtig, weshalb das „Aus"-Kommando eines der wichtigsten, wenn nicht sogar DAS wichtigste Kommando überhaupt ist.

Um dem Hund die Bedeutung dieses Befehls zu vermitteln, beginnen Sie am besten damit, ihm beim Spielen sein Spielzeug aus dem Maul zu nehmen. Sie knien sich dafür auf den Boden, greifen eine Ecke des Spielzeugs und geben das Kommando „Hasso, Aus!". Dabei ziehen Sie leicht an dem Objekt und wiederholen das Kommando so lange, bis der Hund auslässt. Darauf folgt ein dickes Lob und Sie geben ihm sein Spielzeug zurück. Das Kommando wird energisch gesprochen, so dass der Hund am Tonfall hören kann, dass es sich um eine Forderung und nicht um eine Bitte handelt. Keinesfalls sollten Sie zu stark an dem Objekt ziehen oder sogar reißen. Auch das kann der Hund als Spiel auffassen und nun erst recht versuchen dagegenzuhalten oder sogar nach Ihren Fingern zu schnappen, um sein „Eigentum" zu verteidigen. In diesem Fall kommt wieder das strenge „Nein" zum Einsatz, darauf erfolgt erneut das Kommando. Verhält sich Ihr Hund überaus störrisch und verweigert permanent das Befolgen dieses Befehls, greifen Sie mit der Hand über seine Schnauze und pressen Daumen und Fingerspitzen gegen die Reißzähne. Nun sollte der Hund umgehend auslassen, folglich wird er gelobt und erhält dann sein Spielzeug zurück.

Das „Sitz" lässt sich am einfachsten und schnellsten zu den Mahlzeiten erlernen. Foto: R. Klaar

Hat Ihr Hund erst begriffen, was auf das „Aus"-Kommando hin von ihm erwartet wird, beginnen Sie damit, den Befehl ohne Zuhilfenahme Ihrer Hände zu erteilen. Das kann beim Spielen geschehen oder auch beim Fressen oder wenn der Hund mit einem Kauknochen beschäftigt ist. Da Sie sich dabei nicht auf den Boden knien, sondern in aufrechter Position verweilen, kann es natürlich passieren, dass der Hund den Befehl verweigert. Erst dann beugen Sie sich herunter und verfahren in der zuvor beschriebenen Weise.

Das „Sitz"

Dieses Kommando lässt sich am einfachsten zu den Mahlzeiten üben. Stehen Sie mit dem Fressnapf in der Hand aufrecht vor dem Hund und geben das Kommando „Hasso, Sitz!". Hierbei handelt es sich wieder um ein kurzes und bestimmt gesprochenes Kommando. Ihr Hund wird zu Ihnen und dem ersehnten Fressen hinaufblicken und sich dabei vermutlich automatisch hinsetzen. Darauf folgt ein deutliches Lob und der Fressnapf. Diese Übung können Sie immer dann wiederholen, wenn es Zeit für

Die Kommandos „Sitz“ und „Platz“ gehören zumindest beim Lernvorgang zusammen. Aus dem sitzen heraus fällt es viel leichter ihm die Bedeutung von „Platz“ klarzumachen.

das Futter oder einen Leckerbissen ist. Auch wenn der Hund gerne sein Lieblingsspielzeug haben möchte, ergibt sich eine gute Gelegenheit dazu.

Befindet sich der Hund beim Spazierengehen an der Leine, erfolgt die Übung in folgender Weise: Bevor Sie an einer Straßenecke anhalten, verlangsamen Sie das Lauftempo und erteilen dann kurz bevor Sie stehenbleiben, das Kommando „Hasso, Sitz!" Dabei gehen Sie etwas in die Knie, legen Ihre linke Hand auf den hinteren Rückenbereich Ihres Hundes und drücken leicht nach unten. Sitzt der Hund, wird kräftig gelobt; wenn nicht, folgt ein strenges „Nein", der Befehl wird wiederholt, und die Hand in gleicher Weise zuhilfe genommen. Sie sollten aber unbedingt darauf achten, dass Sie sich nicht mit Ihrem Körper über den Hund beugen, denn das ist eine für den Hund sehr bedrohliche Haltung, die darin resultiert, dass er sich entweder hinlegt oder sogar wegzulaufen versucht.

Das „Platz“

Sobald Ihr Hund das Kommando „Sitz“ gelernt hat, folgt das „Platz“-Kommando. Am einfachsten versteht der Hund die Bedeutung dieses kurz und prägnant gesprochenen Befehls aus der sitzenden Position. Sie geben also zuerst das Kommando „Sitz!", loben Ihren Hund für die korrekte Ausführung, greifen dann beide Vorderbeine und ziehen sie nach vorn, so dass der Hund zum Liegen kommt. Dabei erteilen Sie das Kommando „Hasso, Platz!". Während des darauffolgenden Lobens streicheln Sie den Rücken des Hundes, um es so in dieser Position zu halten.

An der Leine gestaltet sich diese Methode etwas schwieriger, weshalb hier ähnlich wie beim „Sitz“ verfahren wird. Bevor Sie im Laufen innehalten, verlangsamen Sie das Tempo und erteilen kurz bevor Sie stehenbleiben das Kommando. Dabei greifen Sie mit Ihrer linken Hand über die Schultern des Hundes und üben Druck aus.

Der Grund dafür, weshalb die Kommandos an der Leine stets kurz bevor Sie stehenbleiben erteilt werden, ist einfach zu erklären. Zum Einen braucht der Hund

Grundregeln zur Erziehung

Konsequenz

Was dem Hund von einem Familienmitglied verboten wird, muss automatisch auch bei allen anderen Familienmitgliedern verboten sein.

Kommandos (Hörzeichen)

Alle Kommandos (ausgenommen das „Komm") sind kurze und energisch gesprochene Befehle, keine Bitten. Es muss dem Hund möglich sein, die unterschiedlichen Kommandos anhand verschiedener Stimmlagen zu unterscheiden, weshalb jede Übung ihr eigenes Kommando hat. Verwenden Sie also niemals ein Kommando für zwei unterschiedliche Übungen, denn das bringt den Hund völlig durcheinander.
Gewöhnen Sie Ihren Hund nicht daran, erst auf das dritte oder vierte Kommando zu hören. Nach dem ersten nicht befolgten Befehl erfolgt sofort die unmittelbare Einwirkung und die Wiederholung der Übung bis zur richtigen Ausführung. Der Hund wird schnell begreifen, dass er sich den Tadel (negativer Reiz) erspart, wenn er gleich beim ersten Kommando folgeleistet und gelobt wird (positiver Reiz). Beenden Sie eine Übungslektion stets mit einem Kommando, das der Hund gut ausführt und somit mit einem Lob belohnt werden kann.

etwas Zeit, um auf das Kommando reagieren zu können. Das heißt, er wird sich nicht sofort und auf der Stelle hinsetzen oder -legen, sondern benötigt eine kurze Zeitspanne zum Verstehen und Handeln. Erteilen Sie das Kommando also erst wenn Sie bereits stehen, wird der Hund unweigerlich ein Stück vor Ihnen, anstatt neben Ihnen zum Sitzen oder Liegen kommen oder sich nach Ihnen umdrehen und direkt vor Ihren Füßen oder verkehrtherum sitzen. Zum Anderen besteht das Problem, dass Sie den Hund zum „Sitz“ oder „Platz“ nur dann mühelos mit der Hand hinunterdrücken können, so lange er sich noch in Bewegung befindet. Steht der Hund bereits neben Ihnen, wird er sich dem Druck Ihrer Hand mit aller Kraft entgegenstemmen. Das verursacht dem Hund wiederum ein unangenehmes Gefühl und ist somit eine negative Erfahrung in Verbindung mit diesen beiden Kommandos.

Bestrafung

Es wird immer wieder passieren, dass Sie Ihren Hund für ein unduldbares Verhalten bestrafen müssen. Das darf aber keinesfalls in Form von Schlägen, der Verweigerung von Futter oder einem Eingesperrtwerden geschehen, denn diese Bestrafungen sind dem Hund naturgemäß fremd, und er wird sie nicht oder nur schwer als solche erken-

Drei prächtige Jungs in „Platz"-Stellung.

nen. Wenn Sie eine Hündin beim Umgang mit ihren Welpen beobachten, dann werden Sie schnell erkennen, dass auch diese die Welpen von Zeit zu Zeit bestraft, indem sie diese im Genick packt und kräftig schüttelt. Die gleiche Methode können auch Sie anwenden, denn sie ist dem Welpen instinktiv bestens vertraut und wird sofort als Bestrafung verstanden. Greifen Sie also den Hund im Nackenfell und schütteln Sie ihn kräftig, wobei jedoch nur die Vorderbeine leicht vom Boden abheben sollten. Dabei erteilen Sie ein strenges „Nein".

Wichtig ist, dass eine Bestrafung wie auch jedes Lob stets unmittelbar auf die Handlung zu folgen haben. Beispielsweise ist es

völlig wirkungslos den Hund zu tadeln, wenn Sie nach einem Einkauf nach Hause kommen und feststellen, dass er inzwischen den Mülleimer geleert hat. Sie können Ihrem Unmut in dieser Lage zwar durch Schimpfen beim Einsammeln der Bescherung Ausdruck verleihen, jedoch kommt eine direkte Bestrafung des Hundes jetzt viel zu spät. Er kann den Zusammenhang zwischen seiner Tat und dem nun später erfolgten Tadel nicht herstellen und fühlt sich so ungerechterweise bestraft. Geschieht so etwas öfter, dann bringt der Hund die Bestrafung mit Ihrem nach Hause-Kommen in Verbindung und wird sich, statt Ihnen freudig entgegenzueilen, in einer Ecke verkriechen. Nur wenn der Hund den Zusammenhang zwischen seinem Verhalten und dem Lob oder Tadel versteht, können Sie eines Lernerfolges sicher sein.

Natürlich gibt es noch eine ganze Reihe anderer Kommandos, die ein Hund kennen sollte, und es gibt auch noch viel mehr Dinge, die Sie einem Hund beibringen können. Wer sich wirklich ausgiebig mit seinem Hund beschäftigen will, der sollte sich bei einer Hundeschule anmelden. Hier stehen Ihnen ausgebildete Trainer mit Rat und Tat zur Seite, und hier können Sie und Ihr Hund alles lernen, was für beide von Nutzen ist. Der Hundesport erfreut sich in Deutschland einer zunehmenden Beliebtheit. Er verschafft Ihnen und Ihrem Hund die nötige Bewegung. Die Zusammenar-

... und denken Sie dran

Es empfiehlt sich, dass Sie sich mit Ihrem Deutschen Schäferhund einem Rassehundverein anschließen, in dem rassespezifische Ausbildungen und Sportarten angeboten werden. Hier können Sie und Ihr Hund von einem exakt auf die Rasse und deren Fähigkeiten abgestimmten Trainingsprogramm profitieren. Adressen solcher Vereine können Sie beim VDH in Erfahrung bringen.

Die Gesunderhaltung Ihres Deutschen Schäferhundes obliegt Ihrer Sorgfaltspflicht. Regelmäßige Besuche beim Tierarzt und vorbeugende Maßnahmen sind dabei eine wertvolle Hilfe.

beit und das Wetteifern mit Gleichgesinnten bereitet darüber hinaus auch noch beiden eine Menge Spaß.

Natürlich kann auch ein bereits älterer Hund noch erzogen und trainiert werden. Unabhängig vom Alter des Hundes müssen die Übungen auf dessen Ausbildungsstand abgestimmt werden. Hat ein bereits erwachsener Deutscher Schäferhund in seiner Jugend keinerlei Erziehung genossen, so werden Sie mit den gleichen Übungen, wie für die Erziehung von Welpen beschrieben, beginnen müssen. In diesem Fall werden von Ihnen viel Geduld und Ausdauer verlangt, denn erstens lernt ein bereits älterer Hund langsamer als ein Welpe, und außerdem müssen hier viele bereits festsitzende Verhaltensmuster korrigiert oder ausgemerzt werden. Trotzdem ist ein solcher Versuch nicht aussichtslos, denn wie heißt es doch so schön: Zum Lernen ist man nie zu alt.

Eine Übung, die zweimal hintereinander richtig ausgeführt wurde, sollte innerhalb einer Lektion nicht mehr wiederholt werden. Üben Sie mit Ihrem Welpen nicht länger als zehn Minuten pro Tag und niemals wenn Sie emotional gereizt oder unkonzentriert sind. Mit zunehmendem Alter des Hundes können die Lektionen stufenweise verlängert werden. Sie werden ein Gefühl dafür entwickeln zu erkennen, wann die Konzentrationsfähigkeit Ihres Hundes erschöpft ist und die Lektion beendet werden sollte.

Vorbeugende Maßnahmen und Gesundheitspflege für Deutsche Schäferhunde

Die Gesunderhaltung eines Deutschen Schäferhundes erfordert einige Vorsorgemaßnahmen. Vorsorge ist nicht nur die effektivste Medizin gegen Krankheiten, sondern auch gleichzeitig die billigste. Eine gute Vorsorge beginnt bereits bevor der Welpe geboren wird. Die zur zukünftigen Mutter erkorene Hündin sollte gut umsorgt werden, alle notwendigen Impfungen erhalten haben und unbedingt frei von Infektionen und Parasitosen sein.

Die beiden ausgewählten Elterntiere sind selbstverständlich auf genetisch bedingte Krankheiten (z. B. Von-Willebrand-Krankheit) hin untersucht worden, sind frei von Hüft- oder Ellbogengelenksdysplasie, weisen keinen durch medizinische oder verhaltensbedingte Probleme vorbelasteten Stammbaum auf und erscheinen somit als zur Zucht geeignet.

Damit wurde bereits der Grundstein zu einem guten Start für die Welpen gelegt, und wenn alles wie geplant verläuft, dann wird die Mutter ihren Welpen eine für die ersten Lebensmonate ausreichende Resistenz gegen Krankheiten mitgeben. Andererseits kann die Mutter aber auch Parasiten, Infektionen und genetisch bedingte Krankheiten auf ihren Nachwuchs übertragen, wenn sie selbst bereits an solchen Erkrankungen oder Gesundheitsproblemen leidet und diese nicht vor Beginn der Trächtigkeit behoben oder bei der Auswahl der Elterntiere berücksichtigt worden sind.

Im Alter bis drei Wochen

Bereits in diesem frühen Alter ist es notwendig, die Welpen ihrer ersten Entwurmung zu unterziehen. Obwohl die Hunde natürlich von dieser Art von Parasitenkontrolle profitieren, liegt der eigentliche Grund für diese Maßnahme eher in der Gesundheitsvorsorge für den Menschen. Nach der Geburt der Welpen gibt die Hündin oftmals große Wurmmengen ab, auch wenn sie noch zu Beginn der Trächtigkeit als wurmfrei erklärt wurde. Das liegt daran, dass zwar keine Würmer in der untersuchten Kotprobe nachgewiesen werden konnten, jedoch viele Larven dieser Parasiten verkapselt in der Muskulatur ruhen, bis der durch die Geburt entstehende Stress sie aktiviert, zum Verlassen des Wirtskörpers treibt und sie somit in die Außenwelt gelangen.

Außerdem gibt das Muttertier die Larven auch mit der Milch an die Welpen weiter. Untersuchungen haben verdeutlicht, dass 75 % aller Welpen unter Wurmbefall leiden

... und denken Sie dran

Verzichten Sie bitte darauf, in der Apotheke nach irgendwelchen x-beliebigen Wurmmitteln zu fragen. Der Tierarzt hat hier einschlägige Erfahrungen mit der Verabreichung des richtigen Mittels für das entsprechende Alter. Verlassen Sie sich also besser auf seinen professionellen Rat.

Regelmäßige Tierarztbesuche fördern auch das Vertrauen des Hundes dem Arzt gegenüber.

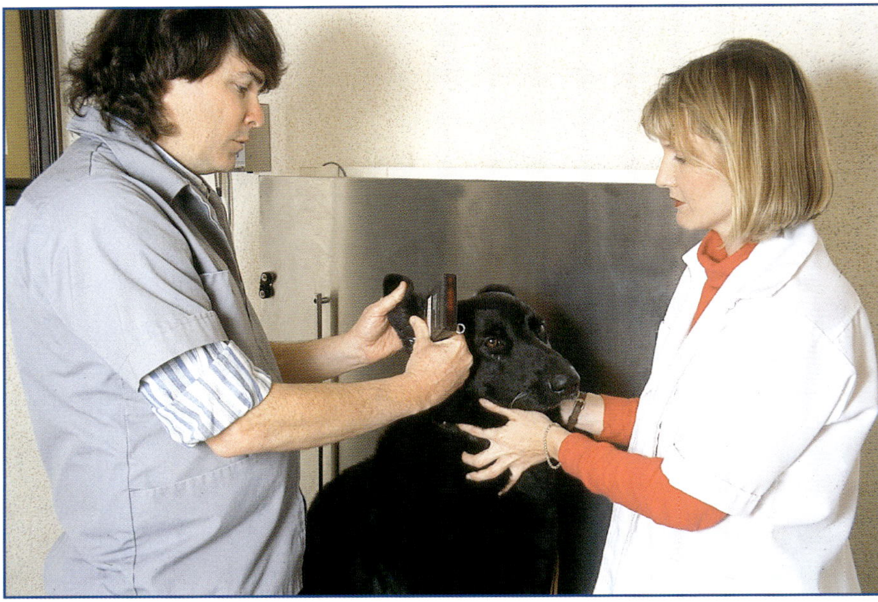

und deshalb davon ausgegangen werden muss, dass die eigenen Welpen darin keine Ausnahme bilden. Aus diesem Grund wird sehr früh mit der Entwurmung begonnen; allerdings eher zu dem Zweck, die Bewohner des Hauses und weniger die Hunde zu schützen. Diese Wurmkuren werden alle zwei Wochen wiederholt, bis der Tierarzt der Meinung ist, den Wurmbefall unter Kontrolle zu haben. Danach oder spätestens ab der zwölften Lebenswoche werden regelmäßige Wurmkuren durchgeführt, deren Abstände vom Tierarzt festgelegt werden.

Auch das Muttertier sollte in diese Behandlung miteinbezogen werden. So verhindern Sie, dass ständig neue Würmer von ihr ausgeschieden werden, und sie sich und die Welpen dadurch erneut infiziert. In jedem Fall dürfen nur solche Medikamente und Dosierungen angewandt werden, die vom Tierarzt empfohlen und für den Gebrauch bei Welpen als unbedenklich gelten. Nach Gutdünken dosierte und von irgendwoher stammende Mittel haben schon einigen Welpen das Leben gekostet.

Im Alter von sechs bis zwanzig Wochen

Die meisten Welpen werden im Alter von sechs bis acht Wochen von der Mutter entwöhnt. Das Entwöhnen sollte nicht zu früh stattfinden, denn während die Welpen gesäugt werden, entwickelt sich durch den ständigen Kontakt mit den Geschwistern und der Mutter die Basis für das spätere Sozialverhalten. Somit wird ihnen der richtige Umgang mit anderen Hunden im weiteren Verlauf ihres Lebens erheblich erleichtert. Es gibt keinen vernünftigen Grund, den Entwöhnungsprozess unbedingt beschleunigen zu wollen, es sei denn, das Muttertier kann keine ausreichenden Milchmengen produzieren, um alle Welpen zu ernähren.

Die erste Untersuchung durch einen Tierarzt findet gewöhnlich im Alter zwischen sechs und acht Wochen statt, also genau dann, wenn auch die meisten Schutzimpfungen fällig werden. Bei Welpen, die ständigen Kontakt mit vielen anderen Hunden haben, wird der Tierarzt wahrscheinlich bereits mit sechs Wochen eine Impfung mit inaktivem Parvovirus empfehlen, wohingegen Welpen ohne Kontakt zu anderen Hunden erst mit acht Wochen gegen Parvovirose, Staupe, Hepatitis und Leptospirose geimpft werden müssen. Bei dieser Gelegenheit wird neben einer Generaluntersuchung auf Krankheitsanzeichen, die einen Aufschub der Schutzimpfungen erfordern würden, auch gleich eine erste Zahnuntersuchung durchgeführt, um zu sehen, ob die Zähne wie gewünscht durchbrechen. Bei Rüden wird sich der Arzt auch versichern, dass die Hoden ordnungsgemäß aus dem Unterleib in den Hodensack gewandert sind. Gesundheitliche Alarmzeichen wie anormale Herzgeräusche, verschobene Kniescheiben, beginnender Grauer Star, Nickhautvorfall und Nabelbrüche sind in diesem Alter ebenfalls bereits erkennbar.

Das Alter von acht Wochen ist auch der richtige Zeitpunkt für einen Verhaltenstest. Dieser kann vom Tierarzt selbst oder aber auch von einer anderen, vom Tierarzt empfohlenen Person vorgenommen werden. Wie bereits erwähnt, sind diese Tests nicht unbedingt zuverlässig, können jedoch Aufschluss über einige bestimmte Veranlagungen zur Entwicklung von Verhaltensstörungen geben. Wer bereits mit der Aufzucht von Welpen seine Erfahrungen hat, der wird bestimmt schnell bemerken, wenn das Verhalten eines Tieres in irgendeiner Form vom „Normalen“ abweicht und sich ohne weitere Aufforderungen um professionelle Hilfe bemühen. Für einen unerfahrenen Halter ist das jedoch nicht so einfach, denn ihm fehlen die Vergleichsmöglichkeiten. Wer sich also diesbezüglich unsicher ist, der sollte seinen Welpen besser den Erfahrungen und dem Urteilsvermögen eines Fachmanns anvertrauen, bevor er später eine bittere Enttäuschung erlebt. Schon viele Hundehalter haben in solchen Fällen resigniert aufgegeben und der erlösenden Spritze vom Tierarzt den Vorzug vor den ständigen Problemen mit einem unberechenbaren Hundetemperament gegeben – ein Weg, den Sie nicht einschlagen müssen, verschaffen Sie sich rechtzeitig einen Einblick in das Wesen des Hundes.

Seit einiger Zeit ist es in den Vereinigten Staaten üblich, eine Kastration bereits im Alter von sechs bis acht Wochen vornehmen zu lassen. In Deutschland verhält sich das anders, denn hier vertreten die Tierärzte die Meinung, dass eine zu frühe Kastration einen negativen Einfluss auf den Hormonhaushalt des Hundes hat, der gewöhnlich erst im Alter von etwa sechs bis sieben Monaten, bei manchen Rassen noch später, voll funktionsfähig ist. Im Gegensatz zu den USA, wo eigentlich alle „Nicht-Zuchthunde“ einem solchen Eingriff unterzogen werden, wird eine Kastration in Deutschland meistens nur vorgenommen, wenn ein zwingender medizinischer Grund dafür vorliegt.

Die meisten Schutzimpfungen werden in Abständen verabreicht, nämlich mit acht bis zehn Wochen und zwölf bis vierzehn

Ein hoher Zaun ist nicht immer eine wirklich sichere Methode, um einen Hund am Weglaufen zu hindern. Ein offengelassenes Tor, ein unentdecktes Loch im Zaun - und schon ist es passiert. Lassen Sie Ihren Hund deshalb nicht unbeaufsichtigt im Freien spielen.

Wochen. Im Normalfall sollten die einzelnen Impfungen mindestens zwei Wochen auseinanderliegen, wobei ein Abstand von vier Wochen optimal ist. Jede Impfung besteht gewöhnlich aus mehreren verschiedenen Erregern. Zum Beispiel werden die der Parvovirose, Staupe, Hepatitis und Leptospirose in einer Impfung kombiniert. Ein Impfschutz gegen Tracheobronchitis (Zwingerhusten) kann separat verabreicht werden, falls der Arzt den Welpen als „Risikofall" einstuft. Die Impfungen gegen Parvovirose, Staupe, Hepatitis und Leptospirose werden im Alter von zwölf Wochen wiederholt. Zu diesem Zeitpunkt wird auch die erste Tollwutimpfung verabreicht. Eine Auffrischung der Tollwut-, Leptospirose- und Parvoviroseimpfung findet von da ab generell in jährlichen Abständen, die der Staupe- und Hepatitisimpfungen alle zwei Jahre statt.

Gegen den bekannten Zwingerhusten gibt es heute neben der üblichen Impfung auch noch einen neueren Weg zur Immunisierung, bei dem der Impfstoff in die Nasenlöcher gesprüht wird. Diese Schutzimpfung kann bereits mit sechs Wochen verabreicht werden, wenn die Welpen einem erhöhten Ansteckungsrisiko ausgesetzt sind.

Die Leptospirose (Stuttgarter Hundeseuche) ist eine Bakterieninfektion, die weltweit verbreitet ist. Der Impfschutz hält ein Jahr an und besteht aus zwei Injektionen, die jeweils drei bis vier Wochen auseinanderliegen. Die erste Injektion sollte spätestens im Alter von zehn Wochen verabreicht werden. Nachdem die Serie der Impfungen vollständig ist, reicht auch hier eine Auffrischung einmal jährlich.

Die Tollwutimpfung ist nach wie vor eine der wichtigsten, obwohl sie längst nicht mehr in allen Ländern als Pflichtimpfung gilt. Es kann sogar sein, dass die diesbezüglichen Bestimmungen innerhalb eines Landes unterschiedlich sind, was ganz davon abhängt, wann der letzte Tollwutfall aufgetreten ist und wie hoch das Risiko für neue Krankheitsfälle eingestuft wird. Aus Sicherheitsgründen dürfen Sie jedoch nie auf diesen Impfschutz verzichten, denn es handelt sich immerhin um eine Krankheit, die ohne Schutzmaßnahmen auch heute noch tödlich verläuft. Die Impfung wird im Alter von 12 Wochen erstmalig verabreicht, von da an wird alle zwölf Monate eine Auffrischung vorgenommen.

Im Alter zwischen acht und vierzehn Wochen sollte jede nur denkbare Möglichkeit genutzt werden, den Welpen mit möglichst vielen Menschen und Situationen vertraut zu machen. Dies ist ein Teil der kritischen Sozialisierungsphase, der darüber entscheidet, wie sich der Welpe in

seinem weiteren Leben anderen Menschen und Haustieren gegenüber verhalten und wie er auf unbekannte Situationen und Ereignisse reagieren wird. In dieser Phase sollte der Welpe so viel Zeit wie möglich mit seinem Halter und der Familie verbringen, nicht für jede Kleinigkeit bestraft werden und mit ruhiger und geduldiger Hand, jedoch ohne jeglichen Druck, die ersten Erziehungsmaßnahmen genießen.
Bei der Sozialisierung mit Mensch und Tier muss allerdings bedacht werden, dass sich diese Maßnahme nicht nur auf die eigenen Familienmitglieder und Haustiere bezieht, die der Hund aller Wahrscheinlichkeit nach sowieso als seinem „Rudel" zugehörig betrachten wird. Es geht vielmehr um den Kontakt mit fremden Menschen und Tieren wie beispielsweise der Katze des Nachbarn, Käfig- oder Volierenvögeln und was sich sonst noch so an anderen Haustieren im Freundes- und Familienkreis anbietet, sowie um Menschen, mit denen der Welpe gewöhnlich keinen oder nur sehr selten Kontakt hat. Ein ständiger oder enger Kontakt mit anderen Hunden sollte erst stattfinden, nachdem der Welpe seine zweite Impfreihe hinter sich hat. Vorher besteht nur ein unzureichender Schutz gegen Infektionskrankheiten, die leicht von einem Hund auf einen anderen übertragen werden können. Nach Erreichen der zwölften Lebenswoche sollte der Impfschutz jedoch stark genug sein, um dem Welpen auch das Zusammensein mit anderen Hunden zu gönnen. Dieser Schritt ist besonders in Hinsicht auf den späteren Besuch einer Hundeschule wichtig, denn hier verlangt der Trainer von jedem Hund ein ausgeprägt friedfertiges Verhalten den anderen vier- und zweibeinigen Schülern gegenüber.
Nun ist auch schon mal ein längerer Spaziergang in Straßen und Parks angesagt, um den Welpen mit der großen weiten Welt außerhalb des heimischen Herds vertraut zu machen. All die fremden Gerüche, Menschen, andere Hunde und nicht zuletzt der Verkehrslärm und andere unbekannte Geräusche helfen dem Welpen, diese ihm noch unheimliche Welt zu verstehen

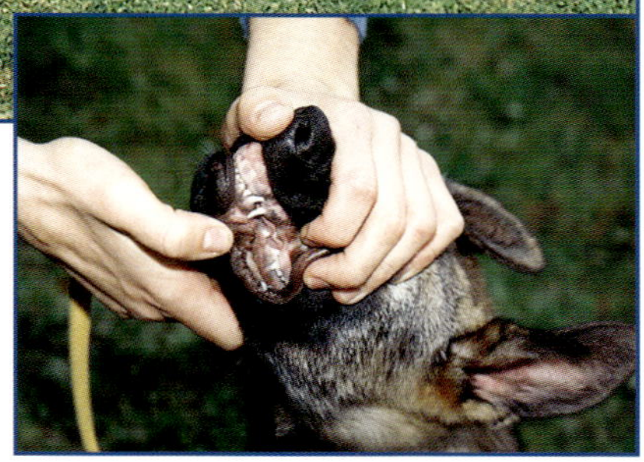

Kontrollieren Sie Ihren Schäferhund regelmäßig auf sichtbare körperliche Mängel. Nur so sichern Sie ihm eine gesunde Entwicklung.

… und denken Sie dran

Die ersten längeren Spaziergänge sind ungeheuer aufregend für den jungen Welpen. Am faszinierendsten sind dabei die unbekannten und vielfältigen Gerüche. Lassen Sie Ihren Hund jedoch nicht überall herumschnüffeln, besonders nicht am Kot anderer Hunde, denn das ist der häufigste Weg zur Übertragung von Krankheiten und Parasitosen.

und zu akzeptieren. Die Gewöhnung an das Fahren im Auto, Bus, in der Bahn oder im Aufzug gehören genauso dazu wie der Kontakt mit spielenden Kindern, Fahrradfahrern, Motorrädern, schlicht und ergreifend mit allem, was zu unserem täglichen Leben gehört.

Die ersten Ausflüge mit dem Halter und der Familie erfordern aber auch noch eine andere Voraussetzung, nämlich die, dass der Hund jederzeit von anderen identifiziert werden kann. Auch wenn Sie von sich selbst stets behaupten, es könne nicht dazu kommen, dass der Hund wegläuft, hat schon manch einer diese falsche Selbstsicherheit mit dem Verlust seines Hundes bezahlen müssen. Trotz der Tatsache, dass ein Deutscher Schäferhund ein großer Hund ist und nicht durch Mäuselöcher schlüpfen kann, kommt es immer wieder dazu, dass ein unbeachteter oder unentdeckter Weg in die Freiheit gefunden wird. Darüberhinaus gibt es auch unter den Menschen sehr unfreundliche Subjekte, die Gefallen daran finden, die Hunde anderer Leute zu stehlen.

Zu dem Zweck, einen verlorengegangenen Hund schnellstmöglich wiederzufinden, gibt es mehrere Methoden, die mehr oder weniger effektiv sind. Die bekannteste und bestimmt älteste Methode ist das Hundehalsband mit der daran befindlichen Hundemarke. Es empfiehlt sich, auf deren Rückseite oder auf einem zusätzlichen Anhänger den Namen, die Adresse und Telefonnummer des Halters eingravieren zu lassen. Die wichtigste Voraussetzung dafür, dass dieses System auch seinen Zweck erfüllt, ist natürlich die, dass der Hund dieses Halsband auch ständig trägt. Dennoch muss die Möglichkeit berücksichtigt werden, dass er es sich irgendwo abreißen könnte oder ein anderer Hund es bei einem Kampf durchbeißt. Außerdem kommt es nicht selten vor, dass die am Halsband befindlichen Anhänger abfallen und verloren gehen. Einige Halter bevorzugen eine Kette anstatt eines Halsbands, die jedoch aus Sicherheitsgründen abgenommen wird, wenn sich der Hund nicht an der Leine befindet. Sie scheidet deshalb in diesem Fall aus.

Eine Methode, die sich gut bewährt hat, ist eine Tätowierung im Ohr des Tieres, die meistens aus der Registriernummer des Hundes besteht. Handelt es sich nicht um einen registrierten Hund, kann auch eine spezielle vom Züchter vergebene Erkennungsnummer eintätowiert werden. Die Tierheime verfügen im Allgemeinen über Listen dieser Nummern, anhand derer sie den Züchter ausfindig machen können, der seinerseits wieder Telefonnummer und/oder Adresse des Halters besitzt.

Viele Züchter lassen ihre Welpen bereits vor dem Verkauf, durch den Tierarzt tätowieren. Zu diesem Zweck werden die Haare auf der Innenseite eines Ohrs abrasiert und dann die Tätowierung vorgenommen, die dem Tier keine nennenswerten Schmerzen

verursacht. Allerdings ist es auch hierbei schon vorgekommen, dass solche Tiere nicht identifiziert werden konnten, weil entweder zu viele Haare über die Tätowierung gewuchert waren oder diese unsauber und unleserlich vorgenommen wurde. So wird sie entweder gar nicht entdeckt oder kann nicht entziffert werden. Es liegt also auch bei dieser Methode in der Hand des Halters, die Haare kurz zu halten und die Nummer eventuell nachtätowieren zu lassen, wenn die Zahlen nicht mehr deutlich zu erkennen sind.
Die neueste Erfindung auf diesem Gebiet ist der Mikrochip, der heute schon in vielen Ländern zur Anwendung kommt. Es handelt sich dabei um einen Computerchip, der nicht größer als ein Reiskorn ist. Der Tierarzt implantiert diesen unter örtlicher Betäubung unter der Haut zwischen den Schulterblätter des Hundes. Läuft das Tier weg oder geht anderweitig verloren und wird im Tierheim abgeliefert, dann wird dort mit einem Scanner der Code des Mikrochips ermittelt und so der Besitzer ausfindig gemacht. Ein Anhänger am Halsband weist darauf hin, dass der Hund Träger eines solchen Computerchips ist. Auch hier wird natürlich vorausgesetzt, dass der Hund das Halsband ständig trägt.

Im Alter von vier bis sechs Monaten

Mit sechzehn Wochen sollte der Welpe bereits seine letzte Impfreihe erhalten haben. Obwohl es Dank der Bemühungen verantwortungsbewusster Züchter in Deutschland kaum Fälle der Von-Willebrand-Krankheit bei Deutschen Schäferhunden gibt, sollte der Welpe in diesem Alter dennoch auf etwaige Anzeichen dieser Krankheit untersucht werden, wenn das nicht bereits durch den Züchter geschehen und eine entsprechende Freiheit für die Zuchtlinie bestätigt ist. Der Grund dafür ist der, dass der Deutsche Schäferhund relativ anfällig für eine andere Bluterkrankheit, Hämophilie A ist, und Vorsorgeuntersuchungen auf beide Krankheiten damit unbedingt gerechtfertigt sind. Die Von-Willebrand-Krankheit ist erblich und verursacht unkontrollierbare Blutungen. Ein einfacher Bluttest ist alles, was zur Erkennung erforderlich ist, allerdings muss dieser in einem speziellen Labor ausgewertet werden. Ein entsprechender Test muss in jedem Fall vor einem chirurgischen Eingriff wie einer Kastration durchgeführt werden, denn besteht ein Bluterproblem, müssen für Operationen natürlich besondere Sicherheitsvorkehrungen getroffen werden.

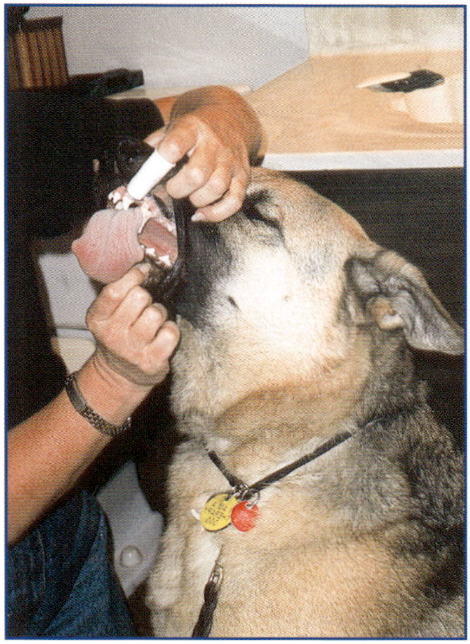

Für die Zahnpflege gibt es verschiedene Hilfsmittel. Auf dem Foro sehen Sie einen mit Noppen besetzten Fingerhut aus Plastik. Mit diesem können Sie sowohl die Zähne reinigen, als auch das Zahnfleisch massieren.

... und denken Sie dran

Zur richtigen Mundhygiene Ihres Hundes gehört auch zu verhindern, dass er auf Dingen herumkaut, die die Zähne und das Zahnfleisch schädigenden können. Dazu gehören Steine egal welcher Größe genauso wie splitternde Holzstücke.

Im Alter von sechs bis zwölf Monaten

Ab einem Alter von sechs Monaten kann eine Kastration vorgenommen werden, vorausgesetzt es liegt ein medizinischer Grund vor und der Hund ist nicht zur Zucht vorgesehen. Die Geschlechtsreife tritt bei den meisten Rassen in einem Alter zwischen sechs oder sieben Monaten ein - beim Deutschen Schäferhund jedoch erst im Alter von zwölf bis 18 Monaten. Die Kastration dient nicht nur dem Zweck der Trächtigkeitsverhütung, sondern bei Rüden auch dazu, dass sie den Drang zum Herumstreunen ablegen und anderen Rüden gegenüber friedfertiger werden. Außerdem wird durch eine solche Operation das Risiko für bestimmte Krankheiten wie verschiedene Krebsarten und Prostataprobleme eingeschränkt.

Bis zum sechsten Lebensmonat sollte der Welpe auch den Zahnwechsel beendet haben. Die ersten Zähne (Milchzähne) sind ausgefallen, und die zweiten und bleibenden sollten bereits alle durchgebrochen sein. Der Tierarzt wird sich in diesem Stadium davon überzeugen wollen, dass das Gebiss vollständig und die Stellung der Zähne (der Biss) korrekt ist. Ist das nicht der Fall, ergibt sich hier die Möglichkeit zur Korrektur. Eine solche Zahnstellungskorrektur darf jedoch ausschließlich einem verbesserten Wohlbefinden des Hundes dienen, das heißt, ihm ein normales Kauen ermöglichen – niemals aber aus rein kosmetischen Gründen, also um dem Hund ein besseres Aussehen zu verleihen, durchgeführt werden.

Zu diesem Thema gibt es eine traurige Statistik: 85 % aller Hunde, die älter als vier Jahre sind, leiden unter Zahnkrankheiten und permanentem Mundgeruch. Tatsächlich ist das so häufig der Fall, dass viele Hundehalter diesen Zustand als völlig normal betrachten! Damit haben diese Leute vielleicht gar nicht so unrecht, denn es ist beim Hund wie beim Menschen wirklich eine normale Erscheinung, dass eine mangelnde Zahnhygiene solche sich hartnäckig haltenden Probleme verursacht. Selbstverständlich können schlechte Zähne oder ein ständig entzündetes Zahnfleisch auch erblich bedingt sein oder aus einer falschen Ernährung im Welpenalter resultieren, jedoch sind das die wenigsten Fälle. Der Auslöser für solche Probleme ist meistens eine starke Ansammlung von Zahnstein, wofür unter Umständen auch eine Veranlagung verantwortlich sein kann.

Um den Zähnen seines Hundes die gleiche Aufmerksamkeit und Pflege wie den eigenen zukommen zu lassen, gibt es mehrere Möglichkeiten. Zum Beispiel gibt es beim Tierarzt für Hunde mit der Neigung zu starker Zahnsteinbildung und Mundgeruch spezielle Zahnbürsten und Zahnpasta. Außerdem tragen die im Handel erhältlichen Kauspielzeuge erheblich zur Sauberhaltung der Zähne bei. Der Tierarzt sowie der Fachhandel beraten gerne über speziell für die Zahnpflege geeignete Kaugegenstände, die gewöhnlich zum Verzehr gedacht sind, jedoch in ihrer Zusammensetzung und

Wenn Ihr Deutscher Schäferhund ein Jahr alt ist, ist es Zeit für eine gründliche Generaluntersuchung beim Tierarzt.
Foto: R. Klaar

... und denken Sie dran

Wenn Ihr Hund regelmäßig geimpft und entwurmt wird und nicht ohne Aufsicht herumstreunen darf, besteht auch für Sie und Ihre Kinder kaum ein Risiko, sich durch ihn mit Krankheiten zu infizieren. Trotzdem sollten Sie verbieten, dass der Hund Hände und Gesicht ausgiebig belecken darf.

Beschaffenheit über eine reinigende und für das Zahnfleisch kräftigende Wirkung verfügen, die freigesetzt wird, wenn das Tier ausgiebig darauf herumkaut. Im Normalfall reichen solche Produkte völlig aus, um Zähne und Zahnfleisch in gutem Zustand zu erhalten, vorausgesetzt, beide erfreuen sich von Geburt an bester Gesundheit und das Tier wird mit einer ausgewogenen, vitamin- und kalziumreichen Ernährung versorgt.

In anderen Fällen, wenn der Zustand der Zähne erblich vorbelastet oder eine mangelhafte Ernährung im Welpenalter für schlechte Zähne verantwortlich ist, helfen die zuvor genannten Kauprodukte dabei, die Bildung von Zahnstein zu verlangsamen und zu verhindern, dass dieser sich festsetzen kann. Dennoch werden Sie in einem solchen Fall nicht umhinkommen, den hartnäckigen Belag vom Tierarzt regelmäßig entfernen zu lassen, denn er gefährdet anderenfalls die Gesundheit der Zähne und des Zahnfleisches.

Die ersten sieben Lebensjahre

Der einjährige Hund sollte einer gründlichen Generaluntersuchung unterzogen werden. Zu einem solchen Generalcheck gehören Untersuchungen der Augen, Ohren, des Maulinnenraums und Rachens, der Lungen, des Herzens, der Lymphknoten und des Unterbauchs sowie Auffrischungen bestimmter Schutzimpfungen und eine Entwurmung. Außerdem bietet sich hierbei die Gelegenheit, den Tierarzt zu allem zu befragen, was einem innerhalb des Jahres am Verhalten des Hundes so aufgefallen ist.

Bei Hunden mit hartnäckigen Zahnsteinablagerungen, beginnen die meisten Tierärzte im Alter von zwei Jahren mit den ersten zahntechnischen Maßnahmen. Hierfür ist eine Narkose erforderlich, denn das Tier würde dabei ansonsten mit Sicherheit nicht stillhalten. Der Arzt verwendet bei dieser Prozedur einen Ultraschallschleifer, mit dem er den Zahnstein und -belag von und zwischen den Zähnen entfernt. Anschließend werden die Zähne poliert, damit sich neuer Belag und Zahnstein nicht mehr so leicht festsetzen können. Vielleicht werden noch Röntgenaufnahmen der Kiefer und Zahnwurzeln angefertigt und eine Fluoridbehandlung des Zahnfleischs vorgenommen, denn die so gefürchtete Zahnfleischentzündung wird nicht durch den Zahnstein, sondern vom Bakterienbelag auf den Zahnhälsen ausgelöst. Da beim Zahnsteinabschleifen der Bakterienbelag jedoch nur unzureichend entfernt wird, haben Zahnärzte speziell zu diesem Zweck eine neue Technik entwickelt, die auf Ultraschallbasis funktioniert. Die Ultraschallbehandlung ist schneller, zerstört mehr Bakterien und reizt das Zahnfleisch erheblich weniger als die herkömmliche Schleifmethode. Eine spezielle Zahnpolitur schließt die Behandlung ab, das Zahnfleisch heilt

Mit Vorsorge und Pflege macht Ihnen Ihr Deutscher Schäferhund in jedem Alter große Freude. Hier im Bild Prachtburschen im Alter von neun Monaten, zwei und vier Jahren. Von Züchterin Christina Urban aus dem renomierten „Zwinger von Muldental".

schneller und der Halter kann somit früher mit der „Hausbehandlung" beginnen. Jeder Hund hat seine individuellen Zahnprobleme, die in jedem Fall berücksichtigt und beobachtet werden müssen. Wird ein Deutscher Schäferhund regelmäßigen Untersuchungen unterzogen und hat er ständig einen der erwähnten Kaugegenstände zur Verfügung, um so seine eigene Zahnpflege zu betreiben, sollten keine weiteren Probleme auftreten.

Der ältere Deutsche Schäferhund

Ab einem Alter von etwa sieben Jahren wird ein Deutscher Schäferhund als älterer bis alter Hund bezeichnet. An den jährlichen Abständen der Vorsorgeuntersuchungen ändert sich auch jetzt nichts, nur sollten diese nun schon etwas umfassender sein, besonders in Hinsicht auf die langsam beginnenden Alterserscheinungen. Deshalb sollten die Erstellung von Blutbildern, Urinanalysen, Röntgenaufnahmen des Brustbereichs und Elektrokardiogramme (Herzuntersuchung, EKG) in die regelmäßigen Untersuchungen einbezogen werden. Eine Früherkennung erhöht in jedem Fall die Heilungschancen, verkürzt die Behandlungsdauer und senkt natürlich auch die Kosten. Eine dem Alter des Tieres angemessene und ausgewogene Ernährung mit speziellen Futtersorten für ältere Hunde sowie gut proportionierte Bewegung im Freien, können die Entwicklung von altersbedingten Gesundheitsstörungen verlangsamen und dafür sorgen, dass sich der Deutsche Schäferhund auch bis ins hohe Alter wohlfühlt und gesund bleibt.

Wann ist Ihr Deutscher Schäferhund krank

	Gesunder Hund	Kranker Hund
Augen	klar	gerötet, trübe, ständiges Reiben mit den Pfoten
Nase	sauber	Ausfluss, eitrig verklebt
Ohren	sauber	verkrustet, Ausfluss, übler Geruch, ständiges Kratzen oder Kopfschütteln
Fell	glänzend, anliegend	stumpf, struppiges Aussehen, Haarausfall eventuell mit Hautekzemen
Schleimhäute	rosafarben	blass rosa bis weißlich oder rot entzündet
Zahnfleisch	rosafarben, gut durchblutet	weißlich, rot entzündet, käsiger, übelriechender Belag
Bewegungsapparat	fließende Bewegungen	Lahmheit, Bewegungsunlust, Schmerzlaute, Schwierigkeiten beim Aufstehen
Verdauung	fester Kot, keine Verschmutzungen des Fells im Analbereich	Durchfall, verschmutzte Analregion, häufiges Erbrechen, anhaltende Verstopfung, keine Kotabgaben, aufgeblähtes Abdomen
Temperatur	normal, 37,5 bis 39 °C	zu hoch, zu niedrig
Verhalten	aufmerksam, aktiv, Futter- und Wasserkonsum normal	apathisch, unkonzentriert, unregelmäßiges Fressen, Futterverweigerung, erhöhtes Trinkbedürfnis, Rastlosigkeit, Winseln, erhöhtes Ruhe- und Schlafbedürfnis

Bekannte genetisch bedingte Krankheiten beim Deutschen Schäferhund

Es gibt eine Reihe von Krankheiten, die beim Deutschen Schäferhund besonders häufig auftreten. Bei einigen Erbkrankheiten konnte das verantwortliche Gen bereits ermittelt und isoliert werden, jedoch ist das leider

nicht bei allen der Fall. Hier bleibt nur die Möglichkeit, die besonders betroffenen Rassen ausfindig zu machen, einen Weg zur einwandfreien Erkennung und effektiven Behandlung der Krankheit zu finden und entsprechende Vorsorgemaßnahmen zu treffen.

Die im Folgenden genannten Krankheiten sind beim Deutschen Schäferhund besonders häufig nachzuweisen, wobei diese Aufstellung keinesfalls den Anspruch auf Vollständigkeit erhebt. Einige der genetisch bedingten Krankheiten können durchaus innerhalb bestimmter Zuchtlinien häufig sein, gelten jedoch in der Gesamtheit der Rasse als selten.

Hautentzündungen durch Dauerlecken

Es gibt nur wenige Gesundheitsprobleme, die einen Tierarzt dermaßen frustrieren können, wie Hautentzündungen dieser Art. Es handelt sich hierbei um ein Problem, das dadurch entsteht, dass ein Hund ständig und beinahe ohne Unterlass eine bestimmte Stelle seines Körpers, meistens am Bein, leckt. Dieses Lecken ist so intensiv, dass nach nur kurzer Zeit die Haare und mehrere Hautschichten von dieser Körperstelle entfernt sind und eine offene Wunde zurückbleibt, die den Hund irritiert, deshalb weiterhin geleckt wird und dadurch nicht abheilen kann.

Die tatsächliche Ursache für dieses Verhalten ist noch nicht eindeutig geklärt, und obwohl es viele Theorien gibt, ist die Frage, warum sich ein Hund so etwas antut, immer noch unbeantwortet. Es steht allerdings zu vermuten, dass permanente Langeweile, Stress oder auch Einsamkeit eine Rolle in der Entwicklung dieser Verhaltensstörung spielen könnten. Anhand von Studien kann gesagt werden, dass dieses Problem sehr häufig bei Deutschen Schäferhunden auftritt und dass zweimal soviel Rüden wie Hündinnen betroffen sind. Einige jüngst durchgeführte Untersuchungen haben ergeben, dass eventuell vorliegende, genetisch bedingte Nervenstörungen für das Dauerlecken verantwortlich sein könnten. Eine andere Theorie spricht dafür, dass ständige Langeweile der Auslöser sein könnte und letztlich zu einer Art Zwangsneurose wird. In jedem Fall ist es wichtig, zumindest den

Versuch zu unternehmen, die Ursache zu ergründen, denn es könnte auch eine andere Krankheit dahinterstecken, deren Behandlung dann auch die Folgeerscheinung, das Dauerlecken, beheben kann. In vielen Fällen sind deshalb relativ aufwändige Untersuchungen wie Biopsien, das Anlegen von mikrobiologischen Kulturen und sogar Röntgenaufnahmen nötig, um eine Diagnose stellen zu können.

Die Behandlung ist oftmals frustrierend, besonders in den Fällen, in denen die Ursache nicht oder nur unzulänglich geklärt werden kann. Es ist ausgesprochen schwierig, die Erfolgschancen und die Art einer Behandlung einzuschätzen und festzulegen, wenn nur eine mutmaßliche Diagnose vorliegt. In den meisten Fällen werden entzündungshemmende Medikamente verabreicht, jedoch gibt es noch eine ganze Reihe von alternativen Behandlungsmethoden. Dazu gehören unter anderem auch Beruhigungsmittel, weibliche Geschlechtshormone, Mittel gegen Angstzustände und solche, welche die Wirkung von Narkotika neutralisieren. Einige eher exotische Behandlungsarten wie das Injizieren von Kobra-Antiserum seitlich der betroffenen Körperstelle, Radiotherapie und operative Eingriffe sind zwar bereits zum Einsatz gekommen, konnten aber nur geringe Erfolge für sich verbuchen. Die derzeit beliebteste Behandlungsmethode besteht aus der Verabreichung von Medikamenten gegen Angstzustände und Depressionen, die dem mit dieser Krankheit verbundenen „Zwangsverhalten" entgegenwirken sollen.

Aufgrund der Tatsache, dass der oder die Auslöser dieser Verhaltensstörung nach wie vor unklar sind, können an dieser Stelle auch keine vorbeugenden Maßnahmen

... und denken Sie dran

Werden Sie auf Abweichungen im normalen Verhalten Ihres Hundes aufmerksam, dann zögern Sie nicht, umgehend Ihren Tierarzt aufzusuchen. Eine rechtzeitig erkannte und behandelte Krankheit ist meistens schnell wieder vergessen. Verschleppte Krankheitssymptome machen eine korrekte Diagnose schwierig und verlängern den Heilungsprozess erheblich.

aufgeführt werden. In jedem Fall aber sollten betroffene Hunde, deren Eltern und Welpen aus Sicherheitsgründen von der Zucht ausgeschlossen werden.

Krankhafte Herzvenenverengung

Hierbei handelt es sich um einen vererbten Herzfehler, durch den der ungehinderte Abfluss des Blutes aus dem Herzen beeinträchtigt wird. Untersuchungen haben gezeigt, dass mindestens zwei Gene für diesen Herzfehler verantwortlich sind, von denen eines autosom dominant ist, also nur von einem Elternteil stammen muss. Auch hier kann wieder der Deutsche Schäferhund als die Rasse genannt werden, die die meisten dieser Krankheitsfälle für sich verbuchen kann. Einige an dieser Krankheit leidende Welpen machen einen durchaus normalen Eindruck, während andere sämtliche für einen Herzfehler klassischen Symptome zeigen: Schwäche, Ohnmachtsanfälle und plötzlich eintretender Tod. Gewöhnlich kann dieser Zustand in der gesamten Zuchtlinie nachgewiesen wer-

Gegenüberliegende Seite:
Ihr Welpe sollte im Alter von acht bis zehn Wochen die ersten Impfungen erhalten, die im Alter von zwölf bis 14 Monaten wiederholt werden.

Bestimmte Augenuntersuchungen können den Grauen Star bereits in einem Alter von einem Jahr erkennen lassen. Im Bedarfsfall ist ein operativer Eingriff eine erfolgversprechende Maßnahme.

den. Einen ersten Hinweis erhält der Tierarzt beim Abhören durch ein deutlich vernehmbares, anormales Herzgeräusch. Die endgültige Diagnose erfolgt anhand einer Ultraschalluntersuchung des Herzens (Echokardiographie) und gewöhnlich auch durch Röntgenaufnahmen.

Für die Behandlung gibt es keine standardisierte Form. Bei Hunden mit nur leichten Symptomen wird in der Regel keine Behandlung eingeleitet. In schwereren Fällen können Beta-Blocker die Symptome kontrollieren, die Krankheit selbst jedoch nicht heilen. Bei Welpen, die wirklich bedrohliche Symptome zeigen, wird der Tierarzt noch vor Erreichen des sechsten Lebensmonats zu einem chirurgischen Eingriff raten, noch bevor permanente Veränderungen am Herzen erkennbar werden. Mit dieser Schwäche belastete Hunde, deren Verwandte und Welpen sind unbedingt von der Zucht auszuschließen.

Grauer Star (Hereditäre Katarakte HC)

Als Grauer Star wird jede Trübung der Linse des Auges bezeichnet, ganz gleich, wie klein oder groß sie auch sein mag. Spezialisten für Augenkrankheiten bei Hunden nehmen eine sehr feine Unterteilung solcher Erscheinungen vor, die auf der Basis des Krankheitsstadiums, dem Zeitpunkt des Ausbruchs und der Lage des befallenen Bereichs festgelegt wird.

Beim Deutschen Schäferhund kann die Krankheit dominant vererbt werden, was mit anderen Worten heißt, dass nur ein Elternteil Träger des oder der verantwortlichen Gene sein muss. Die Krankheit bricht gewöhnlich bei noch jungen Hunden, meistens in einem Alter von unter einem Jahr aus. Es gibt noch eine andere Form des

Grauen Stars, die ebenfalls meistens junge Hunde der Rasse befällt, die jedoch rezessiv vererbbar ist. Hier müssen beide Elternteile Träger der entsprechenden Erbanlagen sein, um die Krankheit auf ihre Welpen übertragen zu können.
Viele Hunde gewöhnen sich an die durch die Krankheit verursachte Beeinträchtigung ihrer Sehfähigkeit, jedoch ist die chirurgische Entfernung von Katarakten möglich und meistens auch erfolgreich. Trotzdem sollten an Grauem Star erkrankte Hunde und deren Welpen nicht für die Zucht verwendet werden und unter ständiger tierärztlicher Kontrolle stehen.

Demodex-Räude

Demodex-Milben, die Verursacher von Räude, leben in den Haarfolikel-Zellen vieler Hunde, ohne eine wirkliche Gefahr für deren Gesundheit darzustellen. Wird ein Hund mit einem defekten Immunsystem geboren, können sich die Milben unkontrolliert vermehren und Probleme verursachen. Leider zählen die Deutschen Schäferhunde zu den Rassen, bei denen die meisten Fälle dieser Räude auftreten. Obwohl angenommen wird, dass es sich hier um ein genetisches Problem handelt, konnte diese Annahme bis heute nicht zweifelsfrei nachgewiesen werden.
Die meisten Krankheitsfälle treten bei jungen Welpen auf. Bei ungefähr 90 % dieser Welpen ist bis zum Erreichen der immunologischen Reife, im Alter von 18 bis 36 Monaten, eine Selbstheilung festzustellen, die mit nur wenig oder gar keiner medizinischen Unterstützung verläuft. In diesen Fällen steht zu vermuten, dass das Immunsystem nur bedingt gestört ist, sich letztlich weiterentwickelt und den Zustand unter Kontrolle bringt. Bei den verbleibenden etwa 10 % der befallenen Welpen tritt jedoch keine Besserung ein. Ganz im Gegenteil ist hier eine progressive Verschlechterung festzustellen, was auf eine eher schwere Unterentwicklung des Immunsystems schließen lässt.
Die Symptome äußern sich anfangs durch kleine, leicht schuppende, gerötete und haarlose Stellen an den befallenen Körperteilen. Daraus entstehen später viele kleine, zum Teil eitrige Pusteln sowie blaurote, knotig verdickte, kahle Stellen.
Die Diagnose ist einfach. Der Tierarzt schabt mit einer Skalpellklinge etwas Haut ab und untersucht diese Probe unter dem Mikroskop. Die Demodex-Milben sind zigarrenförmig und leicht zu identifizieren. Was dagegen viel schwieriger zu erkennen ist, ist der immunologische Defekt, der es erst zu diesem Krankheitsbild kommen lässt. Neuesten Untersuchungsergebnissen nach könnte das Problem mit einer verminderten Interleukin-2-Reaktion in Zusammenhang stehen, jedoch steht auch die Genetik nach wie vor zur Diskussion.
Wenn die Ursache für die Immunschwäche behoben werden kann, dann dezimiert sich auch der Milbenbestand. Gleichermaßen verhält es sich, wenn sich das Immunsystem des Welpen selbständig erholt, somit voll funktionstüchtig wird und eine Selbstheilung eintritt. Dieser Entwicklungsprozess kann durch eine gesunde Ernährung, vorbeugende Behandlungen gegen eventuell vorhandene Innenparasiten, sofortige medizinische Hilfe bei anderen Erkrankungen, den Gebrauch von Anti-Milben-Shampoos und nährstoffreiche, das Immunsystem stärkende Futterbeigaben unterstützt werden. Normalisiert sich der Zustand nicht selbständig oder

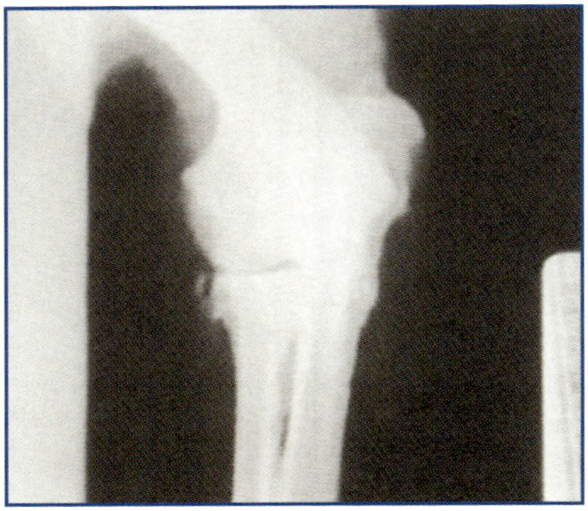

Ein fragmentöser Koronoidprozess des Ellbogens, also eine Ellbogengelenksdysplasie. Mit Dank an Dr. Jack Henry.

tritt trotz Behandlung eine Verschlechterung ein, dann wird der Einsatz spezieller Medikamente zum Abtöten der Milben erforderlich. Doch auch hier muss beachtet werden, dass das Abtöten der Milben keinen Beitrag zur Wiederherstellung eines intakten Immunsystems leistet.
Die einzige Maßnahme zur Vorbeugung, die hier genannt werden kann, ist der gute Rat, derartig erkrankte Hunde einschließlich deren Eltern und Welpen von der Zucht auszuschließen. Auch wenn eine genetisch bedingte Ursache bis heute nicht nachweisbar ist, wäre es dennoch verantwortungslos, den Genpool kommender Generationen durch das Züchten mit solchen Hunden zu belasten.

Ellbogengelenksdysplasie

Diese Erkrankung entsteht durch eine anormale Entwicklung der Elle, einem der Unterarmknochen. Das Resultat ist ein instabiles Ellbogengelenk und damit verbundene Lahmheit. Dieser Zustand wird, genau wie bei der Hüftgelenksdysplasie, durch eine häufige Inanspruchnahme des Gelenks verschlimmert.

Für diesen Zustand ist genaugenommen nicht nur ein Faktor, sondern gleich eine ganze Reihe unterschwelliger Probleme verantwortlich, die alle das Ellbogengelenk belasten. Dazu gehören neben der oben bereits angesprochenen degenerierten Elle auch eine mittig unvollständig ausgebildete Knochenkrone, die Osteochondrose der medianen Gelenkhöcker der Schulter oder eine unvollständige Verknöcherung derselben. Diese Krankheitsbilder treten am häufigsten bei Junghunden auf, die bereits im Alter zwischen vier und sieben Monaten die ersten Symptome zeigen. Diese äußern sich gewöhnlich in Form plötzlich eintretender Lahmheit, die durch die anhaltende Entzündung des betroffenen Gelenkes später in Arthritis übergeht.
Deutsche Schäferhunde können eine unerfreulich hohe Anzahl von Fällen von Ellbogengelenksdysplasie aufweisen. Untersuchungsergebnisse mit dem Stand 31. Dezember 1994 zeigen, dass 18,2 % aller untersuchter Hündinnen der Rasse und 23,9 % aller Rüden Anzeichen für eine Ellbogengelenksdysplasie erkennen ließen.
Die Diagnose erfolgt anhand von Röntgenaufnahmen. Werden bis zu einem Alter von 24 Monaten keine Anzeichen für diese Anomalie nachgewiesen, dann kann das Tier zum Züchten eingesetzt werden. Die Schwere der bei dieser Untersuchung nachgewiesenen Fälle wird in die Grade I bis III unterteilt. Ein Grad III-Fall zeigt ein deutlich degeneriertes Ellbogengelenk. Vor einigen Jahren noch wurden Hunde mit einem Grad I-Ergebnis zur Zucht zugelassen, jedoch sind die diesbezüglichen Bestimmungen glücklicherweise inzwischen geändert worden, so dass auch die „leich-

ten“ Fälle heute nicht mehr als zuchttauglich zugelassen sind.
Es gibt deutliche Hinweise darauf, dass Osteochondrose der Ellbogengelenke vererbbar ist und vermutlich durch mehrere Gene kontrolliert wird. Untersuchungen am Labrador-Retriever haben als vorläufiges Ergebnis ebenfalls gezeigt, dass auch hier die Vermutung naheliegt, dass die unterschiedlichen Formen der bei dieser Rasse auftretenden Ellbogengelenksdysplasie unabhängig vererbbar sind. Hunde, deren Testergebnisse negativ sind und die trotzdem Nachkommen mit Anzeichen für diese Krankheiten produzieren, dürfen nicht weiterhin zur Zucht verwendet werden.
Es gibt aber auch Anhaltspunkte dafür, dass noch andere Faktoren bei diesen Krankheiten eine Rolle spielen könnten wie beispielsweise eine sehr kalorienreiche Ernährung, in der auch große Mengen von Kalzium und Proteinen enthalten sind und die so die Entwicklung von Osteochondrose bei gefährdeten Hunden fördert. Auch ungeregelte und übertrieben ausgeführte körperliche Aktivitäten können oftmals zu Verletzungen der Knochenknorpel führen und sind somit ebenfalls als Risikofaktoren zu betrachten.
Die Handhabung von Osteochondrose bei Hunden ist ein ausgesprochen kontroverses Thema. Viele Fachleute raten zu einer operativen Entfernung der geschädigten Knorpelteile, um dadurch einer permanenten Schädigung vorzubeugen. Andere wieder empfehlen die Anwendung von konservativen Therapien, die auf viel Ruhe und schmerzstillenden Medikamenten beruhen. Das am häufigsten verabreichte Mittel ist dabei Aspirin. Die meisten Tierärzte sind sich darin einig, dass die Anwendung von kortisonartigen Verbindungen mehr Probleme verursacht, als bei der Behandlung behoben werden. Es steht jedoch in jedem Fall fest, dass einige Hunde auf solche Behandlungsmethoden ansprechen, während andere eindeutige Kandidaten für eine Operation sind. Wird ein solcher Eingriff durchgeführt, bevor bereits eine deutliche Dauerschädigung des Gelenks vorliegt, dann wird er dem Tier in jeder Beziehung Erleichterung verschaffen.

Epilepsie

Idiopathische Epilepsie taucht beim Deutschen Schäferhund in verschiedenen Zuchtlinien auf. Zuchtstudien haben Aufschluss über eine genetische Grundlage für diese Krankheit ergeben, die am häufigsten bei Hunden im Alter zwischen einem und drei Jahren diagnostiziert wird. Das Krankheitsbild ist dem beim Menschen sehr ähnlich, und auch die Anfälle folgen dem gleichen Muster.
Ein epileptischer Anfall umfasst gewöhnlich mehrere Phasen. Die erste Phase, der nahende Anfall, macht sich bereits durch Ruhelosigkeit, Ängstlichkeit, auffällige Erregtheit oder andere Verhaltensveränderungen bemerkbar. Dieser Phase folgt der eigentliche Anfall, bei dem der Hund gewöhnlich das Bewusstsein verliert und sich die Gliedmaßen versteifen. Anschließend folgen rudernde und zappelnde Bewegungen der Glieder. Weinen, Urinieren, das Entleeren des Darms und Sabbern sind ebenfalls häufig auftretende Begleiterscheinungen. Diese Phase kann nur Sekunden, aber auch einige Minuten lang anhalten. Die letzte Stufe wird als Post-Iktus bezeichnet und beinhaltet Krämpfe, zeitweise Blindheit, Schläfrigkeit

oder auch Kreiseln. Dieser Zustand kann von wenigen Minuten bis zu einigen Tagen anhalten. Zwischen der Dauer des Post-Iktus und der Länge oder Schwere des eigentlichen Anfalls besteht keine offensichtliche Verbindung.
Um den Ursprung der Epilepsie zu ergründen wird versucht, die Verläufe der Anfälle mit den Ergebnissen von Untersuchungen im „Normalzustand" in Verbindung zu bringen und daraus die infrage kommenden Schlussfolgerungen abzuleiten. In manchen Fällen kann so das eigentliche, meistens unterschwellige Problem erkannt und behoben werden, doch ist das leider nicht immer möglich. Das am häufigsten bei Hunden gegen epileptische Anfälle verordnete Medikament ist Phenobarbitol, welches Anfällen sehr effektiv entgegenwirkt und nur wenige Nebenwirkungen hat. Diese können sich durch einen gesteigerten Appetit, ein erhöhtes Trinkbedürfnis, aber auch durch vorübergehende Schwäche äußern. Es ist ausgesprochen wichtig, dass der Tierarzt periodische Bluttests zur Feststellung des Phenobarbitolgehalts im Blut durchführt. Ein solcher Bluttest wird unmittelbar vor der Verabreichung der nächsten Medikamentendosis vorgenommen, wenn die Phenobarbitolkonzentration im Blut am niedrigsten ist. Anhand dieser Untersuchung kann der Tierarzt sehen, ob die zu verabreichende Dosis erhöht, verringert oder gleichbleiben muss. Für Hunde, die nicht gut auf Phenobarbitol ansprechen, sind Primidon- und Kalibromid mögliche Alternativen. Obwohl ein vollständiges Verhindern der epileptischen Anfällen in den meisten Fällen nicht möglich ist, ist es dennoch von größter Wichtigkeit, wenigstens deren Intensität so weit wie machbar zu schwächen und möglichst große Abstände zwischen den Anfällen zu erzielen. Mit Epilepsie belastete Deutsche Schäferhunde sind von der Zucht auszuschließen.

Exokrine Bauchspeicheldrüsenstörung

Die Bauchspeicheldrüse (Pankreas) ist neben der Produktion von Insulin auch für die von wichtigen Enzymen zuständig, die für die Verdauung von Nahrung wichtig sind. Unter bestimmten Umständen produziert das Organ allerdings keine ausreichenden Mengen dieser Enzyme, wodurch die Verdauung negativ beeinflusst wird. In solchen Fällen sprechen wir von einer exokrinen Bauchspeicheldrüsenstörung.
Der Deutsche Schäferhund gehört zu den Rassen, bei denen dieser Zustand am häufigsten in Erscheinung tritt, und die genetische bedingte Form dieser Krankheit tritt typischerweise bei jungen Hunden in einem Alter von unter zwei Jahren auf. Derart erkrankte Hunde fressen zwar viel, verlieren aber dennoch an Gewicht. Durch die Unterproduktion der Verdauungsenzyme kann der Körper nicht alle im Futter enthaltenen Nährstoffe verwerten, was neben einem Gewichtsabbau auch in den meisten Fällen einen weichen Kot verursacht, der eher einem Kuhfladen als einem Hundehaufen ähnelt.
Die Diagnose kann durch einen Test (Trypsinartige Serum-Immunreaktivierung) erstellt werden. Die Erkrankung wird auf lebenslange Dauer mit Bauchspeicheldrüsenenzymen behandelt, die dem Futter beigefügt werden und die Arbeit verrichten, die das Organ des Tieres eingestellt hat. Spezielle ballaststoffarme Futterarten und solche, die für Hunde mit bakteriellen

Erziehen Sie Ihren Welpen dazu, langsam zu fressen, anstatt das Futter gierig hinunterzuschlingen. So können auch in späteren Jahren unangenehme Blähungen vermindert werden. Passen Sie die Höhe des Futternapfs besser an die Körpergröße des Hundes an. Hier ist deutlich zu sehen, wie ansonsten Fehlhaltungen entstehen können.

Dünndarmentzündungen verordnet werden, können auch hier sehr effektiv sein. Bisher konnte bei keiner Untersuchung festgestellt werden, dass fettarme Futtersorten eine Verbesserung des Zustands bewirken können. Vitaminsupplemente, die Vitamin B_{12}, Beta-Carotin sowie Vitamin E enthalten, können die Behandlung unterstützen, wenn der Tierarzt ausdrücklich dazu rät. Mit dieser Krankheit belastete Deutsche Schäferhunde sollten von der Zucht ausgeschlossen werden.

Blähungen und Magendrehung

Blähungen treten immer dann auf, wenn der Magen mit größeren Luftmengen gefüllt wird. Das Verschlucken großer Mengen Luft geschieht meistens dann, wenn der Hund ausgelassen herumtollt, sein Futter gierig hinunterschlingt, hastig trinkt oder unter Stress steht. Obwohl es jederzeit zu Blähungen kommen kann, tritt dieser Zustand dennoch am häufigsten bei älteren und bei zu Blähungen neigenden Hunden auf. Erstaunlicherweise liegt die Wahrscheinlichkeit für Blähungen bei rassereinen Hunden dreimal höher als bei Mischlingen. Der Deutsche Schäferhund gehört auch hier wieder zu den Rassen, die als anfällig für diesen Zustand gelten, obwohl jüngste Untersuchungen gezeigt haben, dass die Anfälligkeit nicht höher als bei anderen Rassen mit ebenfalls tiefem Brustkorb liegt.

Blähungen sind allgemein betrachtet lediglich unangenehm; es sind eher die möglichen Konsequenzen, die daraus einen lebensbedrohenden Zustand machen. Zuviel Luft im Magen bläht diesen wie einen Ballon auf, und es kann zu einer Magendrehung kommen. Hierdurch werden beide Magenöffnungen blockiert sowie die Blutzufuhr zum Magen und den anderen Verdauungsorganen unterbrochen. Eine solche Magendrehung verschlimmert nicht nur die Blähungen, sondern ermöglicht dazu noch die Freisetzung von Giften und deren Einleitung in den Blutkreislauf wie auch das Absterben von blutabhängigem Gewebe. Wird dieser Entwicklung nicht umgehend entgegengewirkt, resultiert das Ganze innerhalb von vier bis sechs Stunden im Tod des Hundes.

Durchschnittlich gesehen sterben etwa ein Drittel aller Hunde, die unter einer Magendrehung leiden, noch in der Tierklinik selbst unter fachärztlicher Versorgung. Anzeichen für einen solchen Zustand sind allgemeines Unwohlsein, Ruhelosigkeit, Niedergeschlagenheit und ein aufgeblähtes Abdomen. In einem solchen Zustand benötigt der Hund umgehend tierärztliche Hilfe, denn es besteht eine akute Schock- und Lebensgefahr. Es stehen eine Reihe unterschiedlicher Operationsmethoden zur Auswahl, um einen verdrehten Magen wieder in seine korrekte Lage zu bringen. Außerdem ist eine intensive medizinische Therapie gegen den Schock, eine Übersäuerung und die Wirkung der freigesetzten Gifte erforderlich.

Blähungen lassen sich nicht völlig verhindern, jedoch kann einiges dazu getan werden, um das Risiko so weit wie möglich einzudämmen. Dazu gehört auch, dass Sie den vollen Fressnapf nicht irgendwo herumstehen lassen, damit sich der Hund bedienen kann, wann immer er dazu Lust verspürt. Außerdem ist die Einteilung der täglichen Futterration in drei oder mehr Portionen von Vorteil. Weitere Hinweise zu diesem Thema konnten bereits im Kapitel „Ernährung" nachgelesen werden. Bei Hunden, die am Schutzhundtraining teilnehmen, ist außerdem unbedingt darauf zu achten, dass zwischen der letzten Fütterung und dem Beginn der Trainingsstunde mindestens fünf Stunden liegen. Die Aufregung und körperliche Anstrengung während des Trainings stellen ein nicht zu unterschätzendes, erhöhtes Risiko für eine Magendrehung dar. Obwohl einige Hunde Probleme bei der vollständigen Verdauung von Soja haben, ist die Behauptung, dass mit Soja angereichertes Futter die Bildung von Blähungen fördern würde, bisher völlig unbestätigt. Blähungen entstehen beim Hund durch verschluckte Luft und nicht durch im Verdauungssystem produzierte Gase.

Hämophilie

Hierbei handelt es sich um eine Bluterkrankheit, die durch den Mangel eines bestimmten Blutgerinnungsfaktors (Faktor VIII) entsteht. Diese Krankheit ist geschlechtsgebunden und wird in akuter Form nur auf die männlichen Nachkommen übertragen. Hämophilie tritt allgemein betrachtet relativ selten auf, jedoch ist der Deutsche Schäferhund eine der Rassen, bei denen sie am häufigsten nachgewiesen wird.

Anhand einer Blutuntersuchung können sowohl akut daran erkrankte Hunde wie auch solche identifiziert werden, die Träger des Defektes sind. Leider gibt es für die Krankheit keine Heilungsmethode, und

der Umgang damit kann genauso schwierig wie teuer sein. Mit Hämophilie behaftete Hunde und deren Muttertiere dürfen keinesfalls zur weiteren Zucht verwendet werden. Die anderen Vertreter derselben Blutlinie müssen unbedingt auf ihre diesbezügliche Zuchttauglichkeit hin untersucht werden.

Hüftgelenksdysplasie

Das Auftreten von Hüftgelenksdysplasie ist für insgesamt 79 Hunderassen nachgewiesen. Es handelt sich hierbei um eine genetisch bedingte Missbildung der Gelenkkugel und der Gelenkpfanne mit klinischen Anzeichen für keine bis schwere Hüftlahmheit. Die ersten Symptome können sich bereits sehr früh, nämlich in einem Alter von nur fünf Monaten bemerkbar machen, jedoch kommt es nicht selten vor, dass dies erst im Alter von zwei Jahren der Fall ist. Die Feststellung der Anomalie kann durch einen DNA-Test oder bei bereits erwachsenen Hunden auch anhand von Röntgenaufnahmen erfolgen.
Die krankhafte Veränderung des Gelenks beginnt innerhalb der ersten 24 Lebens-

Das auftreten von Hüftgelenksdysplasie ist genetisch bedingt. Die ersten Anzeichen treten bereits im Alter von fünf bis 24 Monaten auf.

monate, in denen sich dann entscheidet, ob und in welcher Schwere die Krankheit ausbricht. Die Erbmasse dieser Hunde ist jedoch in jedem Fall vorbelastet, was sie automatisch aus der weiteren Zucht ausschließt. Die Befunde werden in fünf Grade (HD-A bis HD-E) eingeteilt.

Heute ist es anhand verschiedener Faktoren möglich zu beurteilen, ob sich bei einem Hund mit nachgewiesenen Anzeichen für Hüftgelenksdysplasie in der genetischen Veranlagung letztlich auch Symptome entwickeln werden. Zu den dabei zu beurteilenden Faktoren gehören die Körpergröße, der Körperbau, Wachstumsmerkmale sowie der Kaloriengehalt und das Elektrolytgleichgewicht in der Ernährung des betreffenden Tieres. Der Deutsche Schäferhund wird allgemein zu den Rassen gezählt, die als für Hüftgelenksdysplasie anfällig gelten. Basierend auf den jüngsten Forschungsergebnissen der OFA (*Orthopedic Foundation for Animals* in den USA) mit Stand Januar 1995, wurden 20,8 % aller dort getesteten Deutschen Schäferhunde mit klaren Anzeichen für Hüftgelenksdysplasie diagnostiziert. Damit wird zwar bestätigt, dass in der Rasse im Vergleich mit Zahlen von vor 20 Jahren ein Rückgang der Krankheit zu verzeichnen ist, aber dennoch ist die Anzahl der Krankheitsfälle immer noch viel zu hoch.

Bei der Auswahl eines Deutschen Schäferhundes, sollten Sie sich unbedingt vergewissern, dass die Elterntiere beide nachweislich frei von Anzeichen für Hüftgelenksdysplasie sind. Erwerben Sie dennoch einen Welpen mit einer Veranlagung (z. B. HD-A) für diese Krankheit, können Sie einiges tun, um das Risiko für das Auftreten von Symptomen einzudämmen. Sie sollten beispielsweise ein Futter mit einem nicht zu hohen Proteingehalt auswählen und die Super-Premium-Marken sowie solche mit hohem Kaloriengehalt meiden. Außerdem sollten Sie generell mehrere kleine Mahlzeiten am Tag verabreichen und auf alle zusätzlichen Nährstoffbeigaben wie Kalzium-, Phosphor- oder Vitamin D-Supplemente verzichten. Ein weiterer Punkt sind kontrollierte Aktivitäten mit dem Welpen wie Spaziergänge an der Leine, anstatt den Hund ausgelassen herumtollen oder sogar auf oder über Dinge springen zu lassen. Dadurch würden die noch im Wachstum befindlichen Gelenke über Gebühr belastet und die bereits vorhandene Neigung zu Hüftgelenksdysplasie würde begünstigt werden.

Die Tatsache, dass Sie vielleicht einen Hund mit Hüftgelenksdysplasie besitzen, bedeutet jedoch noch nicht, dass alles verloren ist und Sie das Tier besser einschläfern lassen müssen. Das klinische Bild dieser Krankheit ist ausgesprochen vielgestaltig. Es kann sogar passieren, dass Hunde mit einer schweren HD-E kaum durch Schmerzen beeinträchtigt werden, wohingegen andere mit nur einer schwachen Veranlagung unter Umständen unter heftigen Schmerzen zu leiden haben. Der eigentlich ausschlaggebende Punkt bei dieser Erkrankung ist der, dass die Dysplasie der Hüftgelenke die Entstehung von degenerativen Gelenkkrankheiten wie der Arthritis oder Arthrose begünstigt, die letztendlich in der völligen Unbrauchbarkeit der Gelenke resultieren. In einem frühen Stadium sind Medikamente wie Aspirin und andere entzündungshemmende Mittel hilfreich, jedoch ist eine Operation bei Fällen von starken Schmerzen, einer erheblichen Beeinflussung der Bewegungsabläufe oder bei einem Ausbleiben der Reaktion auf verabreichte Medikamente unumgänglich.

Hypertrophische Cardiomyopathie

Hier haben wir es mit einer Herzkrankheit zu tun, bei der das Septum der linken Herzkammer verdickt ist und so den Blutfluss innerhalb der Kammer behindert. Die Deutschen Schäferhunde werden zu den Rassen gezählt, bei denen eine derartige Anomalie öfter nachzuweisen ist. Eine andere Herzkrankheit, die Herzmuskelschwäche, tritt häufiger auf und ist auch in vielen anderen Rassen vertreten, wohingegen die Hypertrophische Cardiomyopathie seltener ist und große Ähnlichkeiten mit dem von Katzen bekannten Krankheitsbild aufweist. Leider enden beide Krankheiten letztendlich mit Herzversagen.
Die Diagnose erfolgt anhand von Ultraschalluntersuchungen des Herzens. Beta-Blocker können helfen, die Symptome zu lindern, jedoch ist eine Heilung der Krankheit bis heute für Hund und auch Mensch nicht möglich. Eine Verbindung der Krankheit mit L-Carnitin, Taurin und Coenzym Q_{10} konnte noch nicht nachgewiesen werden. Derart erkrankte Hunde sind unbedingt von der Zucht auszuschließen.

Hypertrophische Osteodystrophie

Dies ist ein Krankheitsbild, das am häufigsten bei jungen Hunden großer Rassen auftritt, zu denen auch der Deutsche Schäferhund gezählt werden muss, zumal die meisten Krankheitsfälle in dieser Rasse nachzuweisen sind. Die Krankheit befällt die Hunde gewöhnlich schon im Alter von drei bis vier Monaten. Hypertrophische Knochendystrophie geht mit Entzündungen der befallenen Knochen und einer gestörten Knochenbildung einher.
Die Ursache dafür ist für die Fachleute ein kontroverses Thema. Es wird angenommen, dass es sich höchstwahrscheinlich um eine Infektion handelt, doch konnte bisher kein entsprechender Auslöser isoliert werden. Andere Theorien besagen, dass einer der verantwortlichen Faktoren ein unausgeglichener Vitamin C-Haushalt sein könnte oder auch ein Überschuss an anderen Vitaminen und Mineralstoffen. Desweiteren gibt es noch die Hypothese, es könne sich um einen genetisch bedingten Defekt des Knochenwachstums handeln.
Derart erkrankte Hunde leiden meistens unter Lahmheit der Vorderbeine, wobei die Fußgelenke (distaler Radius und Ulna) besonders betroffen sind. Die oberen Beinknochen können geschwollen und warm

Sie werden erkennen lernen, wann sich Ihr Deutscher Schäferhund nicht wohl fühlt. Jede Abweichung vom normalen Verhalten sollte als Warnzeichen betrachtet werden.

sein sowie Schmerzen verursachen. Begleitsymptome können sich durch Anorexie (krankhafte Appetitlosigkeit), Fieber, Lustlosigkeit oder einfach nur durch Gewichtsverlust äußern. Diese Symptome können in periodischen Abständen auftreten und dann wieder von selbst abklingen.

Die Diagnose wird anhand von Röntgenaufnahmen gestellt. Außerdem kann das Blutbild einen erhöhten alkalischen Phosphatasegehalt aufzeigen, wobei die Phosphor- und Kalziumwerte jedoch normal sind. Dadurch kann diese Krankheit von anderen, ähnlichen Erkrankungen der Beinknochen unterschieden werden.

Wie bereits erwähnt, ist die Ursache der Krankheit noch unbekannt, weshalb es auch keine spezifischen Behandlungsmethoden gibt. Die Symptome und die Lahmheit halten oftmals bis zu einer Woche an, klingen dann spontan ab und verschwinden völlig. Betroffene Hunde müssen eine ausgewogene Ernährung erhalten. Es wird ihnen strengste Ruhe verordnet und meistens werden sie mit entzündungshemmenden Medikamenten wie beispielsweise Aspirin behandelt.

Schilddrüsenunterfunktion

Hormonelle Funktionsstörungen der Schilddrüse konnten bei über 50 Hunderassen nachgewiesen werden. Es ist die am häufigsten auftretende Drüsenerkrankung bei Hunden im Allgemeinen und beim Deutschen Schäferhund im Besonderen. Die Krankheit entsteht durch eine Unterfunktion der Schilddrüse, das heißt, durch eine Unterproduktion der Schilddrüsenhormone. Verantwortungsbewusste Züchter lassen ihre Hunde daraufhin untersuchen, sobald sie feststellen, dass eine derartige Krankengeschichte in der gesamten Rasse oder einer speziellen Zuchtlinie vertreten ist.

Die Krankheit beginnt ihre Entwicklung am häufigsten in einem Alter zwischen einem und drei Jahren, wobei klinische Anzeichen erst in späteren Jahren erkennbar werden. Leider sind diesbezüglich eine ganze Reihe von Falschinformationen im Umlauf. Viele Hundehalter glauben beispielsweise, dass ein derart erkrankter Hund plötzlich zu Übergewicht neigen müsse und ignorieren deshalb alle anderen Symptome. Tatsächlich ist das Krankheitsbild aber sehr variabel, und Übergewicht tritt nur sehr selten in Erscheinung. In den meisten Fällen erscheinen die Hunde kerngesund, bis der Großteil ihrer Schilddrüsenhormone aufgebraucht ist und sich die ersten Symptome wie ein Mangel an Energie und periodisch auftretende Infektionen einstellen. Bei einem Drittel aller Krankheitsfälle ist auch Haarausfall festzustellen.

Im Allgemeinen wird angenommen, dass die Diagnose in einem solchen Fall recht einfach sei, jedoch entspricht das nicht ganz den Tatsachen. Der Körper verfügt über ziemlich große Reserven an Schilddrüsenhormonen, so dass eine einfache Blutuntersuchung zur Feststellung des Hormongehalts nicht zuverlässig ist. Stimulationstests der Schilddrüse sind dagegen der bessere und effektivere Weg zu einer Früherkennung.

Gerade weil der Deutsche Schäferhund so anfällig für solcherlei Funktionsstörungen der Schilddrüse ist, sind regelmäßige Tests besonders wichtig. Obwohl keine dieser Untersuchungen wirklich hundertprozentig zuverlässig ist, geben sie doch wertvolle Hinweise auf möglicherweise vorhandene Anzeichen einer solchen Krankheit

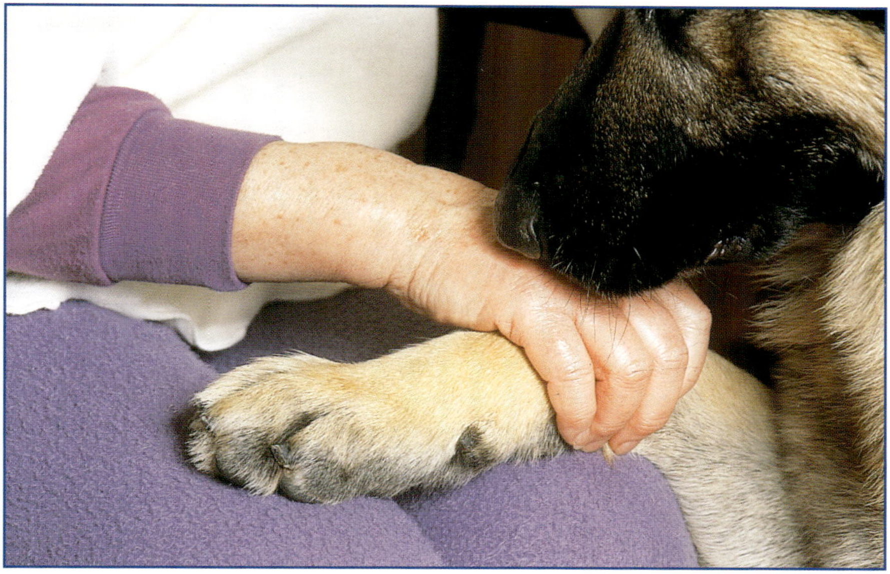

Auch die Beine und Pfoten Ihres Hundes benötigen Ihre Aufmerksamkeit. Zysten zwischen den Zehen, überlange Krallen oder eingetretene Fremdkörper können unbeachtet zu großen Problemen werden.

und ermöglichen auf diese Weise ein vorbeugendes Eingreifen.
Die Behandlung einer Schilddrüsenunterfunktion ist problemlos und nicht besonders teuer und besteht darin, dass dem Hund täglich angemessene Mengen von funktionsregulierenden Medikamenten verabreicht werden. Wird die Erkrankung nicht behandelt, dann kann das Tier unter ernsten Beschwerden leiden, die seine Gesundheit auf längere Sicht völlig ruinieren werden. In jedem Fall sind derart erkrankte Hunde von der Zucht auszuschließen.

IgA-Mangel

Diese Abkürzung steht für einen Mangel an Immunoglobulin A, worunter man eine Gruppe von bestimmten Antikörpern versteht. Nicht ausreichende Mengen dieser Antikörper resultieren in Erkrankungen der Atemwege, der Haut oder des Verdauungstraktes. Auch hier ist der Deutsche Schäferhund wieder jene Rasse, die am häufigsten unter diesem Zustand leidet. Der verminderte Bestand an Antikörpern macht die betroffenen Hunde für eine ganze Reihe von Infektionen anfällig. Es besteht der Verdacht, dass diese Erkrankung mit der hohen Anzahl von bakteriellen Dünndarmentzündungen in Zusammenhang stehen könnte, die ebenfalls bei dieser Rasse zu verzeichnen sind.
Aller Wahrscheinlichkeit nach tritt ein IgA-Mangel viel öfter auf, als die meisten Züchter und Tierärzte vermuten, denn es werden keine routinemäßigen Vorsorgeuntersuchungen auf die Krankheit hin durchgeführt. Da aber immer mehr Laboratorien zuverlässige und preislich akzeptable Tests anbieten, sollte auch das Bewusstsein über die Existenz dieser Erkrankung steigen. Aufgrund der Tatsache, dass es sich hier um ein

sehr ernstes Gesundheitsproblem handelt, das andererseits jedoch auch relativ einfach festzustellen ist, sollten verantwortungsbewusste Züchter ihre Zuchthunde unbedingt vorsorglich untersuchen lassen. Ein gesundes Immunsystem ist schließlich eine der wichtigsten Voraussetzungen für alle Lebewesen.
Es ist keine spezifische Behandlungsmethode für einen IgA-Mangel verfügbar. Da die für diese Krankheit zuständige Genetik noch nicht völlig erforscht ist, sollten betroffene Hunde und deren engste Verwandte unbedingt aus dem Zuchtprogramm ausgeschlossen werden.

Leberkrankheit

Einige Hunde neigen zur Entwicklung von Leberkrankheiten, die im Zusammenhang mit genetisch bedingten Defekten des Stoffwechsels stehen. Dadurch kommt es zu Kupferansammlungen in der Leber, die wiederum in Vergiftungen resultieren. In diesem Fall gehört die Rasse des Deutschen Schäferhundes zwar nicht zu den am häufigsten betroffenen, das ist nämlich der Bedlington Terrier, dennoch ist die Anzahl der bisher aufgetretenen Krankheitsfälle hoch genug, um hier erwähnt zu werden. Die verantwortlichen Gene für solche Leberkrankheiten sind rezessiv, was mit anderen Worten ausgedrückt bedeutet, dass beide Elterntiere Träger sein müssen, um die Krankheit auf ihre Welpen übertragen zu können.
Derart erkrankte Hunde entwickeln eine langsam voranschreitende Form von Leberkrankheit. Sie befinden sich beim Auftreten der ersten Symptome gewöhnlich in der Übergangsphase vom jungen zum erwachsenen Hund. Eine Gelbsucht entwickelt sich erst in einem relativ späten Stadium der Krankheit, wenn die Leberfunktion bereits erheblich beeinträchtigt ist.
Vor nur kurzer Zeit durchgeführte Untersuchungen haben ergeben, dass es einen Hinweis für eine genetisch bedingte Kupfervergiftung gibt, der anhand einer Blutuntersuchung festgestellt werden kann. Obwohl diese Blutuntersuchung noch nicht von allen Laboratorien angeboten wird, handelt es sich doch um eine ausnehmend wichtige Methode zur Identifizierung von Trägern der Krankheit. Diese Träger sollten in jedem Fall von der Zucht ausgenommen werden, denn nur so besteht eine reelle Chance, die Rasse des Deutschen Schäferhundes von diesem Gesundheitsproblem zu säubern.

Nodulare Dermatofibrose

Hier haben wir es mit einem Problem zu tun, das am häufigsten beim Deutschen Schäferhund diagnostiziert wird und seit 1967 bekannt ist. Die Krankheit macht sich durch das Auftreten von Knötchen bemerkbar, die meistens zwischen den Zehen und an den Beinen zu finden sind. Die Knötchen sind gewöhnlich nicht schmerzhaft, können sich aber zu Geschwüren weiterentwickeln. Obwohl sie selbst keine großen Probleme verursachen, stehen sie typischerweise in einem engen Zusammenhang mit der Entwicklung von bösartigen Krebsgeschwüren in den Nieren oder im Uterus.
Jeder Deutsche Schäferhund, bei dem eine Knötchenbildung an den Beinen festgestellt wird, muss umgehend auf Nodulare Dermatofibrose untersucht werden. Selbstverständlich sollten betroffene Hunde nicht zur Zucht benutzt und außerdem auf Anzeichen für eine Entwicklung von oder even-

tuell bereits vorhandenen Nieren- oder Uterustumore getestet werden. Bei derart erkrankten Hunden sollten mindestens alle drei Monate Kontrolluntersuchungen durchgeführt werden, denn im Frühstadium entdeckte Nierentumore können oftmals noch operativ entfernt werden, bevor sich der Krebs weiter ausbreiten kann.

Chronische Hornhautentzündung (Keratitis)

Hierbei handelt es sich um eine Augenkrankheit, bei der Pigmente und Blutgefäße über die Hornhaut wachsen und somit eine Art dunklen Schleier bilden. Auch davon kann Ihr Deutscher Schäferhund betroffen sein. Die Ursache der Krankheit ist unter Fachleuten ein oft diskutiertes Thema. Es wird angenommen, dass die Genetik auch hier eine Rolle spielt, jedoch konnten die bisherigen Untersuchungen keine Beweise dafür liefern, dass die Krankheit tatsächlich von einer Generation auf die nächste übertragen wird. Der Einfluss von ultraviolettem Licht und immunologische Reaktionen könnten ebenfalls als Faktoren infrage kommen. Bei einer kürzlich in Europa durchgeführte Studie wurden in den Augen betroffener Hunde virusartige Partikel entdeckt, jedoch konnte das eigentliche Virus nicht festgestellt werden.

Der Deutsche Schäferhund ist für Entzündungen der Beinknochen besonders anfällig. Obwohl die ersten Symptome gewöhnlich schon im Alter von unter einem Jahr auftreten, können auch bereits sechs Jahre alte Hunde befallen werden.

In den meisten Fällen infiltrieren dunkle Pigmente die gewöhnlich klare Hornhaut. Dies beginnt normalerweise im äußeren Augenwinkel und sich dann langsam zur Augenmitte hin ausbreitet. Zur gleichen Zeit wachsen Blutgefäße in die Hornhaut ein, wo sich gewöhnlich gar keine befinden. Das Endergebnis ist eine dunkle, narbige Hornhautoberfläche was glücklicherweise nicht allzu schmerzhaft ist.

Die Diagnose ist relativ einfach, allerdings sollten Sie in diesem Fall einen auf Tiere spezialisierten Ophthalmologen (Augenarzt) aufsuchen, denn die Festlegung der individuell geeigneten Behandlungsmethode ist etwas für den Spezialisten. Obwohl eine genetische Ursache bisher nicht nachgewiesen werden konnte, sollten derart erkrankte Hunde von der Zucht ausgeschlossen werden.

Entzündung der Beinknochen, Erkrankung der langen Röhrenknochen

Diese Art der Knochenentzündung befällt die Hinterbeine von Hunden. Leider muss auch hier wieder der Deutsche Schäferhund als eine der Rassen genannt werden, die davon betroffen sind. Interessanterweise leiden Rüden öfter unter der Erkrankung als Hündinnen. Sie ist oftmals nur von periodischer Natur, und es kommt nicht selten zu einer Selbstheilung. Die meisten Hunde werden in einem Alter von unter einem Jahr befallen, es gibt jedoch auch Fälle, in denen die betroffenen Tiere bereits sechs Jahre alt waren.

Die typischen Symptome sind Lahmheit auf einem oder mehreren Beinen, die wechselseitig sein kann und mit schwachen bis starken Schmerzen einhergeht. Desweiteren können Appetitlosigkeit, Gewichtsverlust und ein Abbau der Muskulatur auftreten. Die Diagnose wird meistens anhand von Röntgenaufnahmen gestellt.

Leider gibt es auch hier keine spezifische Behandlungsmethode. Gewöhnlich spricht der betroffene Hund gut auf strenge Ruhe und leichte entzündungshemmende Medikamente wie Aspirin an. Viele Züchter empfehlen eine protein- und fettarme Ernährung, obwohl sich noch keine diesbezügliche, spezielle Futterzusammenstellung etabliert hat. Betroffene Hunde sollten nicht für die Zucht verwendet werden.

Offener Ductus arteriosus

Dies ist die häufigste aller angeborenen Herzkrankheiten bei Hunden. Sie ist ein Ergebnis mehrerer Genkombinationen und bewirkt, dass sich beim Fötus die Verbindung zwischen den Lungen und der Aorta nach der Geburt nicht schließt. Dadurch wird Blut in die Lungenarterie gepumpt, das von dort in die Lungen gelangt, während der Rest des Körpers nicht mehr ausreichend durchblutet werden kann. Die meisten Welpen zeigen nur wenige Symptome, weshalb die Krankheit meistens erst bei der ersten tierärztlichen Untersuchung festgestellt wird, bei der ein typisches Herzrasseln die Aufmerksamkeit des Arzts erregt. Elektrokardiogramme (EKG), Röntgenaufnahmen und Echokardiogramme (Ultraschalluntersuchung) können zur Erstellung der Diagnose eingesetzt werden. Das Problem lässt sich operativ korrigieren. Die Erfolgschancen für einen solchen Eingriff liegen bei 90 %. An dieser Herzkrankheit leidende Hunde müssen unbedingt aus der Zucht ausgeschlossen werden.

Bakterielle Dünndarminfektion

Eine Bakterieninfektion des Dünndarms ist eine der häufigsten Ursachen für chronischen Durchfall bei Hunden. Auch hier ist der Deutsche Schäferhund wiederum zu nennen. Die Gründe dafür sind allerdings noch unklar, obwohl der Deutsche Schäferhund dafür bekannt ist, auch für andere Erkrankungen des Verdauungssystems sowie für einen IgA-Mangel anfällig zu sein. Gegenwärtig nimmt man an, dass eine Kombination dieser beiden der Auslöser für die Entwicklung der Dünndarminfektion sein könnte. Wie dem auch sei, das Ganze ist noch weit von einer vollständigen Klärung entfernt. Andere Vermutungen gehen dahin, dass eine Verbindung mit einer exokrinen Bauchspeicheldrüsenstörung, einem Mangel an Magensäure, einer zu häufigen Verabreichung und zu hohen Dosierungen von Antibiotika und dem Darmschlingen-Syndrom bestehen könnte.

Lassen wir all diese Mutmaßungen nun aber beiseite und wenden uns wieder dem eigentlichen Problem zu. Eine starke Vermehrung von Bakterien im Dünndarm behindert die Aufnahme von Nährstoffen aus diesem Teil des Darms. Betroffene Hunde können somit Probleme bei der Verdauung von Stärke haben, Fette können zu hydrierten Fettsäuren abgebaut und Bittersalze abgeschieden werden. All das kann sich als Durchfall äußern.

Die Diagnose ist nicht einfach. Eine der ersten Untersuchungen ist ein Bluttest zur Feststellung des Cobalamin- und Folsäuregehalts. Typischerweise sind die Folsäurewerte erhöht und die Cobalaminwerte gesenkt. Zur Unterstützung der Diagnose kann das Anlegen von quantitativen Bakterienkulturen aus der Darmflüssigkeit notwendig sein. Biopsien ergeben hingegen keine weiteren Hinweise zur Identifikation der Krankheit. Wissenschaftler beschäftigen sich zur Zeit mit der Entwicklung eines Wasserstoff-Atmungstests für Hunde, wie er auch bei Menschen durchgeführt wird. Die bisherigen Ergebnisse sind vielversprechend.

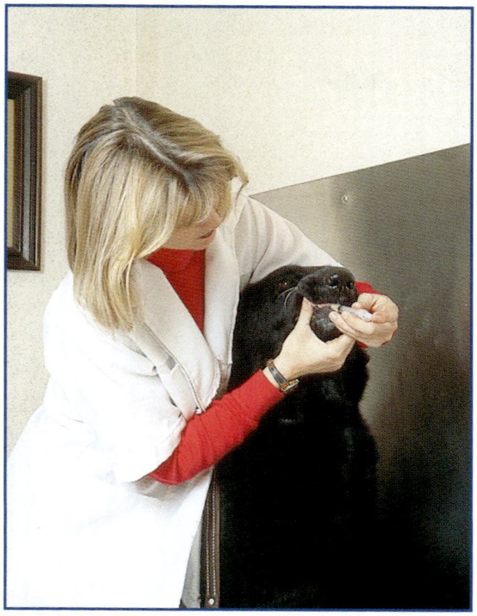

Medikamente können in Form von Pillen, Kapseln oder Tinkturen oral verabreicht werden. Leichter geht es, wenn diese in einem Stück Wurst versteckt werden.

Die Behandlung einer bakteriellen Dünndarminfektion besteht aus der Verabreichung von Antibiotika wie Tetracyclin und einer kohlenstoff- sowie fettarmen Ernährung (wenig Zucker und Stärke). Die Grundlagen einer solchen Ernährung setzen sich aus hochwertigen Proteinlieferanten und Reis zusammen. Fructose-Oligosaccharide sind natürliche Bestandteile, die in zahlreichen Pflanzen enthalten sind und einen exzellenten Ersatz für Stärke darstellen. Ein letztendlicher Rückfall trotz Behandlung ist ein deutlicher Hinweis darauf, dass das unterschwellige, tatsächliche Problem

Da viele der vom Deutschen Schäferhund bekannten Krankheiten vererbbar sind, ist die Auswahl eines Welpen aus einer nachweislich genetisch einwandfreien Zuchtlinie besonders wichtig.

nicht erkannt wurde. Auch hier sollten betroffene Hunde nicht für die Zucht verwendet werden.

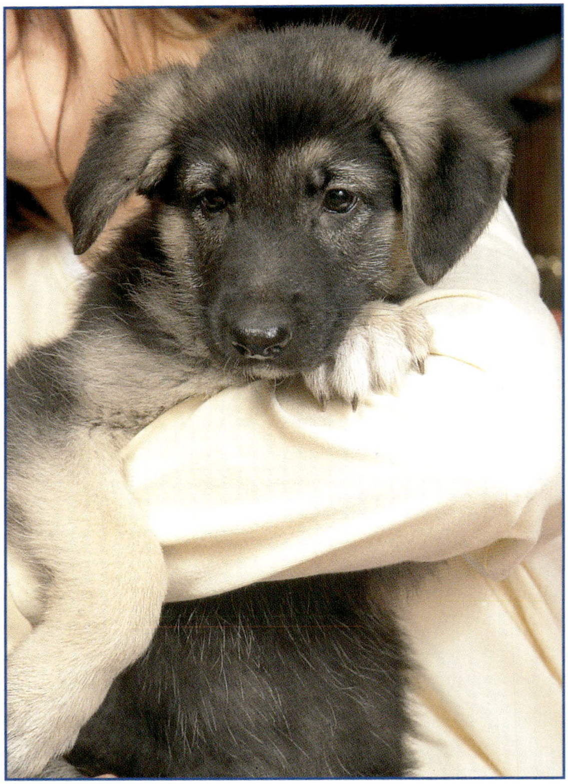

Von-Willebrand-Krankheit

Diese Krankheit wurde bereits bei mehr als 50 Rassen nachgewiesen. Sie gilt als eine bei uns allerdings seltene Bluterkrankheit und ist erfreulicherweise heilbar. Das dafür verantwortliche geschädigte Gen kann von einem oder beiden Elterntieren vererbt werden. Sind beide Elternteile Träger des Gens, dann sind deren Welpen meistens nicht lebensfähig und sterben schon bald nach der Geburt.

Die Krankheit zeichnet sich durch mäßig starke bis unkontrollierbar schwere Blutungen aus, für die eine mehr oder minder verringerte Gerinnungsfähigkeit des Blutes verantwortlich ist. Die Schwere der Krankheit ist sehr variabel. Ein Welpe verfügt vielleicht nur über eine Blutgerinnungsfähigkeit von 15 %, wohingegen ein anderer mit derselben Krankheit 60 % aufweisen kann. Je höher dieser Prozentsatz ist, desto unwahrscheinlicher ist es, dass die Krankheit frühzeitig erkannt wird, denn spontane Blutungen sind gewöhnlich erst ab einem Prozentsatz von unter 30 % zu erwarten. Daher wird bei vielen Hunden diese Krankheit erst diagnostiziert, wenn sie durch eine Operation wie z. B. eine Kastration zutage tritt. In solchen Fällen kommt es dann während des Eingriffs zu unkontrollierbaren Blutungen oder zu Blutergüssen (Hämatomen) an der Operationsstelle.

Die Erkrankung geht häufig mit einer Schilddrüsenunterfunktion einher. Bei wirklich schweren Funktionsstörungen der Schilddrüse kann eine Operation erforderlich werden, der in der Regel eine Bluttransfusion vorangeht. Die Heilung der Krankheit ist in vielen Fällen durch die Transfusion mit dem Blut gesunder Hunde möglich.

Andere häufiger auftretende Erkrankungen beim Deutschen Schäferhund

Angeborene Vorhoferkrankung (Herz)

Axonale Neuropathie

Bandscheibenvorfall

Blasenentzündung

Blasensucht-Erythematose

Cauda equina-Syndrom

Chemodektom

Chondrosarkom

Chronische Krümmung der rechten Aorta

Colobomie

Degenerative Myelopathie

Dermoid-Zyste

Diabetes

Ektropium (nach außen gerolltes Augenlid)

Enophthalmie

Entzündung der Nickhaut

Euryblepharie

Furunkulose (Zellulase)

Gefäßentzündungen

Geschwürige Calcinose

Glykogenüberschuss

Hämangiomsarkom

Hämophilie B

Hautasthenie

Hornhautdystrophie

Hypophysärer Zwergenwuchs

Infektion durch *Aspergillus terreus*

Intersex (unfruchtbare oder schwach fruchtbare Zwischenform der Geschlechter)

Kolitis (Dickdarmkatarrh)

Linsenverengung (Augen)

Lupoide Onychodystrophie

Lupus-Erythematodes (Hauttuberkulose)

Malassezia-Dermatitis

Netzhautdysplasie

Nickhautvorfall

Oligodontie

Osteosarkom

Panniculitis

Perianalfistel

Progressive Netzhautatrophie (PRA) (generell & zentral)

Scheidenvorfall

Seborrhoe

Sehnerv-Hypoplasie

Seminom (Hodenkrebs)

Silica-Urolithiasis

Talgdrüsenwucherungen

Überbiss

Wolfsrachen

Flöhe lauern gewöhnlich im Gras. Untersuchen Sie Ihren Hund regelmäßig auf das Vorhandensein von derartigen Quälgeistern.

Wie schützen Sie Ihren Deutschen Schäferhund vor Parasiten und Mikroben

Ein wichtiger Punkt in der Gesunderhaltung eines Deutschen Schäferhundes ist die Vermeidung von Gesundheitsproblemen durch Parasiten und pathogene Mikroben. Obwohl viele verschiedene Medikamente zur Bekämpfung solchermaßen ausgelöster Erkrankungen verfügbar sind, ist Vorbeugung stets die bessere Lösung. Die wirksamsten Vorsorgemaßnahmen zu kennen bedeutet ein reduziertes Risiko, keinen quälenden Juckreiz und niedrigere Kosten.

Flöhe

Hier handelt es sich nicht nur um den unangenehmsten Außenparasiten für Hunde, sondern auch um eine Plage für den Halter – allerdings nicht für jeden, denn Flöhe sind kein Muss.

In regenreichen Jahren kann es jedoch zu regelrechten Flohepidemien kommen, die nicht nur den Hunden furchtbar zu schaffen machen. Diese Plagegeister beschränken sich in einer solchen Situation nicht nur auf den Hundekörper und seinen Schlafplatz, sondern verbreiten sich in kurzer Zeit über das gesamte Haus, nisten sich in Teppichen, Polstermöbeln und Betten ein und machen in ihrer Blutgier vor nichts und niemandem halt.

Die althergebrachte Weisheit, dass nur ungepflegte Hunde von Flöhen befallen werden, trifft keinesfalls zu. Der Floh fühlt sich in jeder Situation wohl, so lange er nur seinen Hunger nach Blut stillen kann. Erste Hinweise auf einen Flohbefall sind zunächst ein auffälliger Juckreiz und dementsprechend häufiges Kratzen. Auf der Haut sind dann bis zu linsengroße, geschwollene und gerötete Flohbisse erkennbar.

Die von den Flöhen bevorzugten Stellen befinden sich vor allem in der Kopf-Halsregion, an der Kruppe sowie auch an den Innenflächen der Hinterbeine, in den „Achselhöhlen" und den Ohrinnenseiten.

Durch das ständige Kratzen kommt es zu Entzündungen der Bissstellen, die so den geeigneten Nährboden für Sekundärinfektionen bieten. Durch das Kratzen wird der Kot des Flohs in die Wunde gerieben oder er wird sogar gefressen, wenn das Kratzen mit den Zähnen erfolgt. So kann es dann zur Infektion mit dem Hundebandwurm kommen.

Die meisten Hunde reagieren auf einen Flohbiss allergisch. Das heißt, genaugenommen ist nicht der Biss, sondern der Speichel des Flohs der Auslöser einer allergischen Reaktion, die oftmals zu so schweren Infektionen der Bisswunde führen kann, dass eine ärztliche Behandlung erforderlich wird. Aus diesem Grunde ist es ratsam, vom zeitigen Frühjahr bis in den Herbst hinein zu entsprechenden Vorsorgemaßnahmen zu greifen. Es sind zahlreiche effektive Produkte erhältlich, die vom Anti-Floh- und Zeckenshampoo bis hin zu speziellen Flohpudern, -sprays oder -bädern reichen. Regelmäßig angewendet, schützen sie den Hund vor Flohattacken und ersparen ihm so diese äußerst unangenehme Erfahrung.

Ein Flohkamm ist nicht die schlechteste Lösung. Sie bürsten bevorzugt den Schwanz, den Kragen, die „Achselhöhlen", den Rücken sowie die Hals- und Brustregion aus. Die so mit den losen Haaren herausgebürsteten Flöhe werden am besten in Alkohol getaucht, wo sie schnell sterben und nicht mehr entweichen können. Nicht besonders effektiv sind hingegen die bekannten „Anti-Floh-Halsbänder", die bei langhaarigen Hunden kaum einen Erfolg erzielen und bei kurzhaarigen lediglich den Bereich um den Kopf herum schützen. Außerdem werden durch ein solches Halsband lediglich die Flöhe, jedoch nicht deren Eier getötet. Tierärzte bieten etwas teurere, dafür aber bedeutend wirkungsvollere Flohhalsbänder an.

Sehr gut wirksam sind die Shampoos, was allerdings voraussetzt, dass der Hund auch regelmäßig gebadet wird. Ebenfalls zu empfehlen sind verschreibungspflichtige Mittel, die auf die Haut geträufelt werden und bis zu vier Wochen wirksam sind. Vor-

Regelmäßiges Bürsten lässt das Fell Ihres Deutschen Schäferhundes gesund glänzen und hält es stets in bester Verfassung.

aussetzung dafür ist, dass der Hund nicht zwischendurch gebadet oder durch Regen bis auf die Haut durchnässt wird. Allerdings muss hier unbedingt verhindert werden, dass die stark giftige Flüssigkeit vom Hund abgeleckt wird. Bewährt haben sich auch Mittel in Puderform, die im Bedarfsfall bis zu alle ein bis zwei Wochen in das Fell eingerieben werden und so auf die Haut gelangen. Auch wenn das Fell dadurch im ersten Moment etwas „staubig“ und stumpf erscheint, gibt sich dieser Zustand innerhalb von einer halben bis einer Stunde, wenn sich der Hund einige Male gründlich geschüttelt hat. Der Puder bleibt so lange wirksam, bis der Hund im Regen nass oder gebadet wird. Wichtig ist, dass das Tier nach Auftragen des Puders für mindestens 12 Stunden nicht gebürstet wird, damit sich der Wirkstoff auf der Haut ablagern kann. Hierbei wird nicht nur jeder erwachsene Floh umgehend getötet, sondern auch jedes schlüpfende Ei.

Seit 1994 gibt es in Europa auch eine Vorsorgemaßnahme in Form von Tabletten, die beim Tierarzt erhältlich sind und mit dem Futter verabreicht werden. Der Wirkstoff darin macht die Flohweibchen steril, tötet allerdings nicht den Floh selbst. Mit anderen Worten ist diese Tablette, die einmal monatlich eingenommen werden muss, kein Behandlungsmittel, sondern trägt lediglich auf lange Sicht zur allgemeinen Dezimierung von Flohpopulationen bei.

In jedem Fall muss beachtet werden, dass es sich hier oftmals um giftige Substanzen handelt, mit denen Kinder keinesfalls in Berührung kommen dürfen. In Familien mit Kleinkindern sollte deshalb auch unbedingt auf Flohhalsbänder verzichtet werden. Andererseits können beim Tierarzt auch neue antiparasitäre Mittel erworben werden, die für den Menschen völlig ungefährlich sind.

Es muss an dieser Stelle auch darauf hingewiesen werden, dass nicht alle Produkte für die Anwendung bei Welpen oder Junghunden geeignet sind und deshalb in solchen Fällen der Tierarzt zu Rate gezogen werden sollte. Falls sich im selben Haushalt mit dem Hund auch andere Hunde oder Katzen befinden, müssen diese mitbehandelt werden. Besonders in der Nachbarschaft umherstreunende Katzen sind oftmals die Überträger von Flöhen.

Der Lebenszyklus eines Flohs besteht aus vier Stadien: Ei, Larve, Puppe und erwachsener Floh. Die Floheier befinden sich nur selten auf dem Körper des Hundes. Wenn der erwachsene Floh seine Eier ablegt, fallen diese gewöhnlich aus dem Hundefell heraus und bleiben dort liegen, wo sie eben hinfallen. An diesem Platz – oftmals ist es

... und denken Sie dran

Lassen Sie sich niemals dazu verleiten, bei auftretenden Anzeichen einer Erkrankung Ihres Hundes den „Heimtierdoktor“ zu spielen und anhand von Angaben in Büchern wie diesem Ihre eigenen Diagnosen zu stellen. Die Symptome der unterschiedlichsten Krankheiten sind oftmals ähnlich und können sowohl auf die eine, als auch auf eine andere hinweisen. Überlassen Sie also die Untersuchung, Diagnose und Behandlung dem Tierarzt.

die Hundedecke oder eine andere Stelle, wo sich der Hund häufig aufhält und ausgiebig kratzt – entwickeln sich über vier Larvenstadien aus den Eiern die fertigen Flöhe. Unter günstigen Bedingungen dauert diese Entwicklungsphase 21 bis 28 Tage. Es ist also ausgesprochen wichtig, dass nicht nur der Hund und andere Haustiere, sondern auch die Hundedecke, die Schlafplätze und alle Stellen im Haus mitbehandelt werden, an denen sich die betreffenden Tiere häufig aufhalten. Nur so kann ein kurze Zeit später erfolgender Neubefall verhindert werden.

Zecken

Diese rötlich braunen bis graublauen, ebenfalls blutsaugenden Quälgeister, die auch Schildzecken genannt werden und zu den Milben gehören, sitzen an halbhohen Sträuchern und Gräsern und krabbeln von dort an den vorbeistreichenden Hund. Dort beißen sie sich mit ihren kräftigen Mundwerkzeugen in die Haut und bohren ihren kompletten Kopf in das Fleisch. In dieser Haltung saugen sie sich mit Blut voll, gewinnen dabei zusehends an Umfang und lassen sich dann einfach wieder vom Hund herunterfallen. Mit „leerem Magen"

Waldwiesen mit Bäumen und Büschen sind auch der Nistplatz von Zecken. Jede Zecke, die Sie auf Ihrem Hund entdecken, muss umgehend entfernt werden.

sehen sie noch winzig aus. Haben sie sich jedoch richtig mit Blut vollgesogen, sind sie bis etwa kirschkerngroß und leicht beim Abtasten des Hundekörpers zu spüren. Sie fassen sich dann wie eine weiche Warze an. Diese Art von Blutsaugern ist genau wie der Floh weltweit verbreitet und überträgt je nach Art in verschiedenen Gebieten unterschiedliche Krankheiten. Dazu gehören beispielsweise FSME, Lyme-Borreliose und Babesiose.

Zecken hinterlassen nicht nur hässliche, rötliche und leicht geschwollene Bisswunden, sondern lösen ebenfalls bei vielen Hunden eine allergische Reaktion auf ihren Speichel aus. Sie sind darüberhinaus, wie bereits erwähnt, Überträger von teilweise wirklich gefährlichen, potentiell tödlichen Infektionskrankheiten.

Aus diesen Gründen sollten Zecken umgehend entfernt werden, indem Sie sie mit einer Pinzette dicht hinter dem Kopf greifen und mit einer leichten Ziehbewegung herausdrehen. Sie sollten keinesfalls versuchen, sie einfach aus der Haut herauszureißen, denn dabei kann der Kopf des Parasiten abreißen, in der Wunde verbleiben und dort für Sekundärinfektionen sorgen.

Die bevorzugten Körperstellen der Zecken sind die Zehenzwischenräume, Hals- und Achselgegend und die Ohrinnenseiten, jedoch sind sie auch an so ziemlich allen anderen Körperteilen zu entdecken.

Viele der gegen Flöhe wirksamen Mittel beinhalten eine Wirkstoffkombination, die auch Zecken tötet. Diese Mittel machen die Haut des Hundes darüberhinaus für den Geschmack der Zecke „ungenießbar“, weshalb sie sich wieder fallen lässt und auf einen anderen Wirt wartet. Beißt sie trotzdem zu, kommt sie sofort mit der giftigen Substanz in direkten Kontakt und stirbt noch bevor sie zu saugen beginnen kann. Außerdem gibt es beim Tierarzt noch ein sehr wirksames Mittel, das dem Hund auf den Rücken gerieben wird und für die Dauer von etwa einem Monat Schutz bietet. Die Behandlung muss natürlich in monatlichen

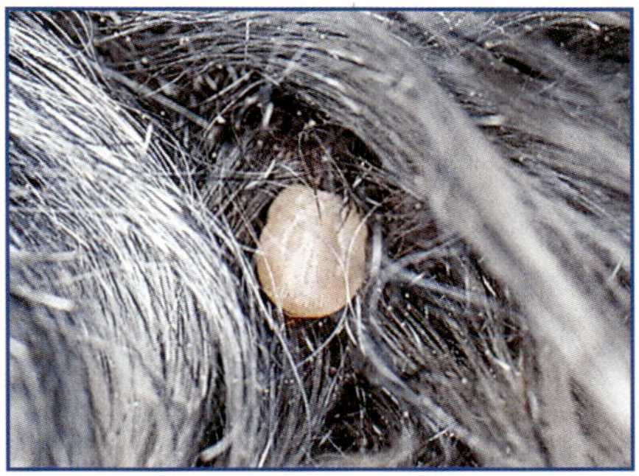

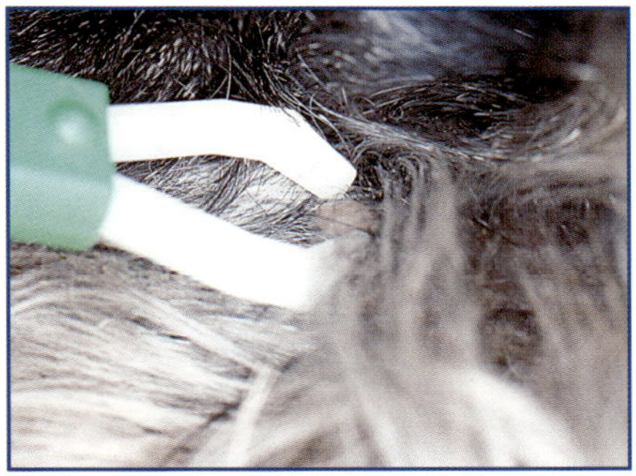

Entdecken Sie an Ihrem Hund eine Zecke, so ist es wichtig, dass Sie diese so schnell wie möglich entfernen. Am besten greifen Sie die Zecke mit einer spezielen Pinzette direkt hinter dem Kopf und drehen sie unter leichtem Ziehen heraus. Hier schön zu sehen, dass die Zecke im Ganzen sauber entfernt werden konnte.

Einmal jährlich sollte Ihr Deutscher Schäferhund einer Generaluntersuchung unterzogen werden, bei der auch gleich die betreffenden Impfungen aufgefrischt werden können.

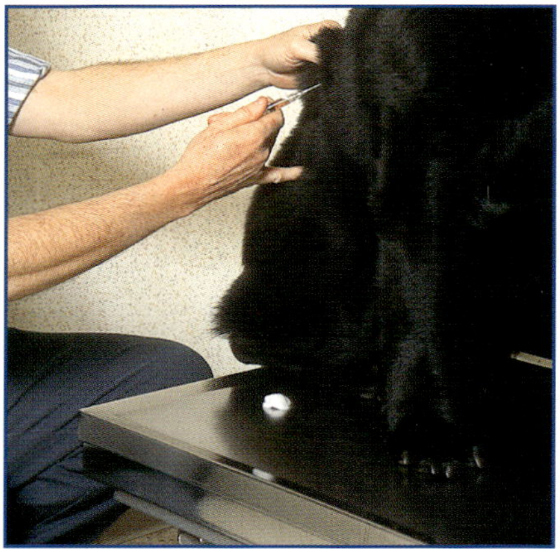

Abständen wiederholt werden. In jedem Fall sollte der Hund nach jedem Spaziergang im Park oder Wald sowie nach dem Herumtollen im Garten gründlich auf Zecken untersucht werden. Da Zecken auch gerne das Blut von Menschen trinken und auch hier so gefährliche Krankheiten wie die Gehirnhautentzündung übertragen, ist doppelte Vorsicht geboten.

Räude

Als Räude wird jede Art von Hautproblemen bezeichnet, die durch Milben hervorgerufen werden. Dabei handelt es sich meistens um Ohrmilben, Sarkoptes-Milben oder Cheyletiella-Milben. Demodikotische Räude wird mit einem Befall durch Demodex-Milben assoziiert. Sie gilt allerdings als nicht übertragbar. Der häufigste Erreger für Räude bei Hunden ist die Ohrmilbe, die wiederum extrem schnell übertragbar ist. Deshalb sollte schon beim Kauf des Welpen darauf geachtet werden, dass die Elterntiere wie alle anderen Hunde des Züchters frei von dieser Milbenplage sind. Als Überträger kommen jedoch auch andere Haustiere infrage, mit denen der Hund Kontakt hat, speziell dann, wenn er mit diesen auf engem Raum zusammenlebt.

Die Parasiten nisten sich bei Hunden bevorzugt in den Ohren ein. Nehmen Sie die Ohrspitzen des Hundes und reiben sie aneinander, so ist die sofortige Reaktion eines befallenen Hundes die, sich mit den Vorderpfoten an den Ohren zu kratzen. Obwohl es sich hier um einen Schmarotzer handelt, der kaum eine ernsthafte Gefahr darstellt, sollte der Tierarzt dennoch ein geeignetes Mittel verschreiben. Der ständig starke Juckreiz irritiert den Hund und führt zu übermäßigem Kratzen, was wiederum in Verletzungen der Haut resultiert, die Infektionen begünstigen können. Eine Vollkörperbehandlung ist in den meisten Fällen erfolgreich, wohingegen es bei einer ausschließlichen Behandlung der Ohrkanäle meistens zu Rückschlägen kommt. Der Grund dafür ist die Tatsache, dass sich die Milben eben nicht nur in den Ohren aufhalten, wie dem Namen nach vermutet werden könnte, sondern diese bei Störungen verlassen und sich in anderen Körperregionen verbergen, bis ihnen die Rückkehr in die Ohren gefahrlos erscheint.

Sarkoptes- und Cheyletiella-Milben werden von einem Hund auf den anderen übertragen. Hierbei handelt es sich um sogenannte „soziale" Erkrankungen, die durch die Vermeidung von Kontakten mit infizierten Hunden vermieden werden können. Sarkoptes-Milben haben die zweifelhafte Ehre, die Hundekrankheit mit dem stärksten Juckreiz überhaupt zu sein. Wieder andere Milben leben in Waldgebieten und befallen die Hunde, wenn sie dort im Dickicht herumtollen. Alle Milbenarten können identifiziert und effektiv bekämpft werden.

Herzwurm-Parasitose

Diese Parasitose ist in Deutschland eigentlich nicht heimisch, denn der Überträger des Parasiten (der Wurm *Dirofilaria immitis*) ist eine bestimmte Mückenart, die in Deutschland nicht vorkommt. Dennoch besteht die Möglichkeit zu einer Infektion mit Herzwurm-Parasitose, wenn Sie Ihren Hund mit in den Urlaub nehmen und das Urlaubsziel in einem Land liegt, wo der Krankheitsüberträger vorkommt. Dazu gehören die USA, Afrika und der Mittelmeerraum. Die Krankheit kann nicht durch den Kontakt mit infizierten Hunden übertragen werden, sondern nur durch den Stich dieser speziellen Mücke. Der Erreger lebt im Herzgewebe sowie den angrenzenden Blutgefäßen der Lunge des kranken Hundes, wo er Mikrofilarien produziert, die sich im Blutkreislauf aufhalten. Beim Blutsaugen nimmt die Mücke die Filarien aus dem Blutkreislauf auf und gibt sie auf gleichem Wege an andere Hunde weiter.

Allerdings gibt es auch noch eine andere Möglichkeit der Übertragung, nämlich die vom Muttertier auf ihre Welpen.

Es handelt sich hierbei um eine lebensgefährliche Parasitose, deren Behandlung langwierig und teuer ist. Sie kann jedoch einfach dadurch verhindert werden, indem Sie Ihren Hund vor Reiseantritt beim Tierarzt dagegen impfen lassen. Die Krankheit lässt sich einfach diagnostizieren. Falls Ihr Hund also nach dem Urlaub unter Appetitmangel, einem trockenen, krampfartigen Husten und Apathie leidet und Sie eines der betreffenden Länder mit ihm bereist haben, sollten Sie ihn vorsorglich auf eine Herzwurm-Parasitose untersuchen lassen. Das Gleiche trifft natürlich auch auf vierbeinige „Reisemitbringsel" zu.

Darmparasiten

Die am häufigsten bei Hunden auftretenden Darmparasiten sind Hakenwürmer, Spulwürmer, Bandwürmer und Peitschenwürmer. Spulwürmer brechen dabei jeden Rekord. Es wird vermutet, dass bis zu 13 Trillionen Spulwurmeier pro Tag im Hundekot ausgeschieden werden. Untersuchungen haben ergeben, dass 75 % aller Welpen Träger von Spulwürmern sind. Die Ausscheidung dieser Parasiten und die damit verbundene Verbreitung der Parasitose beginnt bereits ab einem Alter von drei Wochen. Die Übertragung auf den Menschen findet dabei ausschließlich über den Kontakt mit dem Hundekot und nicht, wie oftmals behauptet wird, durch den alleinigen Umgang mit dem Welpen oder dem Hund statt.

Bei Spulwürmern handelt es sich um nudelförmige Hohlwürmer, die bei ihrem Wirt ein dickbäuchiges Erscheinungsbild und neben vielen anderen ernsten Symptomen auch ein stumpfes Fell verursachen können. Weitere Symptome sind Erbrechen, Durchfall und Husten. Welpen werden häufig bereits im Mutterleib durch das Blut der Mutter oder später beim Säugen durch die Milch infiziert, was auch nicht dadurch verhindert werden kann, dass die Hündin bereits vor dem geplanten Deckakt entwurmt wird.

Hakenwürmer können ebenfalls auf den Menschen übertragen werden. Diese mikroskopisch kleinen, 8–18 mm langen Fadenwürmer können zu einer Anämie führen und somit ernsthafte Probleme bis hin zum Tod eines Welpen zu Folge haben. Hakenwürmer nisten sich beim Menschen wie beim Hund im Dünndarm ein und ernähren sich dort von den Darmzotten.

So entstehen viele kleine Wunden in der Dünndarmwand, die stark bluten. Wie bereits erwähnt, können Welpen bereits mit einem Wurmbefall geboren werden, weshalb eine möglichst frühe erste Wurmkur ausgesprochen wichtig ist.
Bandwürmer benötigen für ihre Entwicklung stets einen Zwischenwirt. Neben anderen Bandwurmarten gibt es den Hundebandwurm, *Dipylidium caninum*, der als Zwischenwirt den Floh benutzt. Der Floh nimmt die Wurmeier auf, aus denen sich sogenannte Finnen entwickeln. Der Floh überträgt diese Finnen auf den Hund, in dessen Darm diese dann zu fertigen Bandwürmern heranwachsen. Mit dem Kot werden nach gewisser Zeit einzelne reiskornförmige Bandwurmglieder ausgeschieden. Sie können oftmals auch um die Afteröffnung herum im Fell hängend entdeckt und so identifiziert werden.
Der Bandwurm erscheint als ein langer, flacher, einem Gummiband ähnlicher Wurm, der oftmals eine erstaunliche Länge erreichen kann und aus etwa reiskorngroßen Segmenten besteht. Er lebt im Dünndarm seines Wirtes.
Eine weitere Bandwurmart, die ebenfalls vom Hund auf den Menschen übertragen werden kann, ist der Fuchsbandwurm, *Echinococcus multilocularis*. Er kann beim Menschen zu einer lebensgefährlichen Erkrankung führen.
Eine Bandwurminfektion kann heute problemlos mit speziellen Medikamenten behandelt werden. Zur Bekämpfung des Hundebandwurms gehört auch die gleichzeitige Flohbekämpfung mit speziell für diesen Zweck gedachten Sprays, Medikamenten oder Flüssigkeiten, mit denen nicht nur der Hund, sondern auch seine Decke, sein Schlafplatz und wenn nötig sogar die Teppiche und Polstermöbel im Haus behandelt werden müssen.
Der Peitschenwurm ist ein bis zu 5 cm langer, zu den Fadenwürmern gehörenden Schmarotzer, der sich mit seinem namengebenden, peitschenförmigen Vorderteil in die Schleimhäute von Blind- und Dickdarm gräbt. Neben der Ansteckungsgefahr durch den Kontakt mit dem Kot eines infizierten Hundes können diese Würmer auch durch den Verzehr von rohem Schweinefleisch in den Körper gelangen. Auch hier ist eine Übertragung auf den Menschen möglich. Diese Würmer haben einen dreimonatigen Lebenszyklus und können nicht vom Muttertier auf die Welpen übertragen werden. Sie verursachen unregelmäßige Durchfallerscheinungen, die gewöhnlich von Schleimabsonderungen begleitet sind. Peitschenwürmer sind die wahrscheinlich am schwersten zu bekämpfenden Darmparasiten, denn ihre Eier sind außergewöhnlich widerstandsfähig und können unter bestimmten Umständen Jahre im Körper überdauern, bis sie sich unter günstigen Bedingungen zu fertigen Würmern weiterentwickeln. Sie sind nur selten im Kot nachzuweisen.
Neben diesen gibt es natürlich noch andere Darmparasiten, die einen Hund befallen können. Der sicherste Weg zur Vorbeugung sind regelmäßige Kotuntersuchungen durch den Tierarzt, der im Ernstfall auch die effektivste Behandlung kennt.

Kokzidiose und Giardiase

Beides sind Infektionskrankheiten, die gewöhnlich Welpen befallen und von Einzellern (Protozoen) hervorgerufen werden. Die Infektionsgefahr ist in solchen Situationen am höchsten, in denen viele Welpen auf relativ engem Raum vergesellschaftet sind. Oftmals sind auch bereits ältere Hunde Träger der Infektion, zeigen jedoch meistens keinerlei Symptome, bis sie unter Stress geraten oder unter anderen Gesundheitsproblemen leiden. Anzeichen für eine dieser Infektionen äußern sich als Durchfall, Gewichtsverlust und in mangelndem Appetit. Die für diese Erkrankungen verantwortlichen Einzeller sind nicht immer im Kot nachweisbar.

Virusinfektionen

Hunde können von verschiedenen Viruserkrankungen wie Hepatitis, Parvovirose, Tollwut und Staupe befallen werden, wenn sie in Kontakt mit anderen Tieren kommen, die Träger dieser Parasitosen sind. Um dem entgegenzuwirken, sollten Sie sich strikt an zwei wichtige Vorsorgemaßnahmen halten: kontrollierter Kontakt zu anderen Tieren und regelmäßige Schutzimpfungen.
Heutzutage sind die verfügbaren Schutzimpfungen so effektiv, dass regelmäßig geimpfte Hunde nur noch einem ganz minimalen Risiko ausgesetzt sind. Trotzdem sollten Sie stets aufmerksam beobachten, mit welchen anderen Tieren der Hund häufigen und/oder engen Kontakt hat. Das Zusammensein mit ebenfalls geimpften Hunden ist dabei völlig ungefährlich, wohingegen der Kontakt mit streunenden Hunden und Katzen sowie Wildtieren wie Kaninchen und ähnlichen ein nicht zu unterschätzendes Risiko darstellt. Außerdem sollten Sie unbedingt darauf achten, dass der Ferienzwinger für den Hund ausschließlich solche mit Impfschutz aufnimmt und der Tierarzt eine Quarantänestation für Hunde mit Infektionskrankheiten hat, so dass diese sicher von allen anderen Patienten getrennt werden können. Wenn Sie sich streng an diese Richtlinien halten, sollten Probleme mit Infektionskrankheiten dieser Art gar nicht erst auftreten.

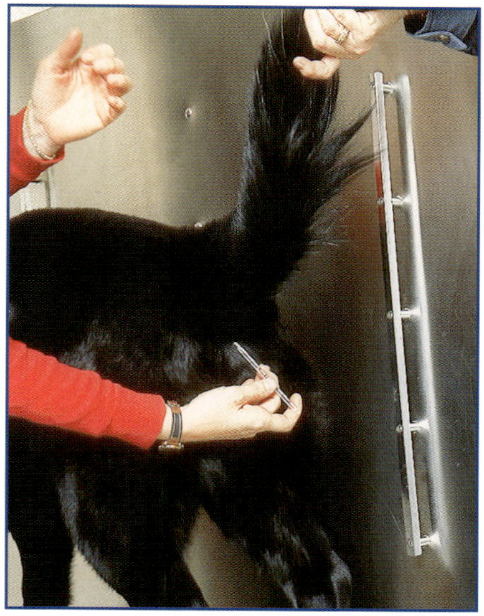

Die Körpertemperatur wird im After und für die Dauer von mindestens einer Minute gemessen. Die Normaltemperatur liegt zwischen 37,5 und 39 °C.

Zwingerhusten

Hierbei handelt es sich um eine infektiöse Entzündung der Luftröhre und der Bronchien (Tracheobronchitis), die hochgradig ansteckend ist und deshalb umgehend behandelt werden muss. Diese Erkrankung tritt vor allem in Tierheimen und im Tierhandel sowie überall dort auf, wo Hunde unter unkontrollierten Bedingungen auf engem Raum zusammenkommen.
Bei dieser Krankheit lösen Viren und Bakterien gemeinsam eine Entzündung der Luftröhre und der Bronchien aus. Ein Anzeichen hierfür ist ein kurzer, trockener Husten, manchmal auch Niesen, mit leichtem

Bei regelmäßigen Schutzimpfungen, sowie kontrollierten Kontakten zu anderen Hunden, ist das Risiko für eine Virusinfektion bei Ihrem Hund minimal.

husten nach einigen Wochen auch spontan ausheilen.

Die effektivste Vorsorgemaßnahme ist in jedem Fall eine Schutzimpfung, ganz egal wie umstritten diese auch sein mag. Hier empfiehlt sich sogar eine Impfstoffkombination, denn bei dieser Krankheit kann mehr als nur ein Virus beteiligt sein. Beispielsweise ist das Parainfluenza-Virus meistens in dieser Impfung enthalten, denn es ist eines der Viren, das häufiger der Auslöser des Zwingerhustens ist.

Das Bakterium *Bordetella bronchiseptica* spielt beim Auftreten von Zwingerhusten häufig eine Rolle. Neuerdings ist vielerorts eine Schutzimpfung erhältlich, die bei Hunden in stark gefährdeten Gebieten zweimal jährlich wiederholt werden sollte. Hierbei wird der Impfstoff nicht wie gewohnt injiziert, sondern in die Nasenlöcher gesprüht, um die Infektion bereits zu stoppen, bevor sie tiefer in den Atmungstrakt eindringen kann.

Nasenausfluss, was wenige Tage bis mehrere Wochen anhalten kann. Der Krankheitsverlauf kann durch das Auftreten von Sekundärinfektionen verschlimmert werden. Im Normalfall verläuft diese Erkrankung nicht tödlich. Sie kann jedoch in eine schwere Bronchitis und/oder Lungenentzündung übergehen. Leider sprechen viele derart erkrankte Hunde nicht sonderlich gut auf die verabreichten Medikamente an, aber andererseits kann der Zwinger-

Staupe

Staupe ist eine Virusinfektion. Die ersten Symptome sind ein sehr leichtes, nur eine kurze Zeit anhaltendes Fieber, dem nach etwa acht Tagen eine schwere Lungenentzündung folgt. Diese wird von eitrigem Augen- und Nasenausfluss sowie Durchfall begleitet. In einigen seltenen Fällen ist auch eine Verhärtung der Pfotenballen festzustellen. Die Symptome klin-

gen dann zunächst wieder ab, kehren jedoch in verstärktem Maße und zuzüglich nervöser Erscheinungen bis hin zu schweren Krämpfen zurück und setzen dem Leben des Tieres in diesem Stadium meistens ein schnelles Ende.
Hunde, die diese Krankheit überleben, leiden sehr häufig anschließend an nervösen Zuckungen der Kopfmuskeln, was als der „Staupetick" bezeichnet wird. Nach überstandenen Erkrankungen im Jungtieralter tritt in vielen Fällen das „Staupegebiss" auf, worunter erhebliche Zahnschmelzdefekte zu verstehen sind.
Staupe wird durch Wildtiere sowie durch infizierte Hunde übertragen.

. . . und denken Sie dran

Wenn Ihr Hund trotz entsprechender Erziehungsmaßnahmen alles frisst, was er draußen findet (kleine Steinchen, Sand, verschiedene Pflanzen, den Kot von Katzen oder anderen Hunden), muss dem nicht zwingendermassen eine Unart oder Ungehorsamkeit zugrundeliegen. Es könnte sich auch um eine Mangelerscheinung in der Ernährung des Hundes handeln. Diskutieren Sie ein solches Verhalten deshalb mit Ihrem Tierarzt.

Hepatitis (Gelbsucht)

Diese Erkrankung verläuft ähnlich der vorher beschriebenen, beginnt jedoch mit hohem Fieber und wird von Apathie und Appetitlosigkeit begleitet. Allerdings treten hierbei weder Lungenentzündung noch Durchfall auf. Bleibende Hornhautschäden der Augen bis hin zur völligen Erblindung können die Folge von Hepatitis sein. Auch hier handelt es sich um eine Virusinfektion. Sie wird von anderen infizierten Tieren übertragen und befällt die Leber und Nieren.

Toxoplasmose

Hierbei handelt es sich um ein Krankheitsbild, das durch einen Einzeller, *Toxoplasma gondii*, hervorgerufen wird. Der Stammwirt dieses Einzellers ist die Katze. Er bildet übertragbare Dauerformen, jedoch erkranken Hunde am häufigsten durch den Verzehr von infiziertem Schweinefleisch. Sie können die Krankheit allerdings nicht, wie früher oftmals behauptet wurde, auf den Menschen übertragen. Dennoch kann sich auch der Mensch durch den engen Kontakt mit Katzen oder den Verzehr von verseuchtem Fleisch mit dieser Krankheit infizieren.
Eine Toxoplasmose kann ohne jegliche Symptome verlaufen (latente Toxoplasmose) und ist nur für trächtige Hunde oder schwangere Frauen gefährlich. Sie kann jedoch auch akut oder chronisch auftreten. Die Erkrankung kann vom Muttertier auf die Welpen übertragen werden und gilt dann als angeborene Toxoplasmose, die sich oft in Missbildungen äußert (toxoplasmotische Fetopathie), aber auch zu Fehl- , Früh- oder Totgeburten führen kann.

Gefahrenquellen, und was zu tun ist wenn ...

Mit der Zeit wird ein Hundehalter durch ständiges Beobachten mit dem natürlichen Verhalten seines Hundes im Haus vertraut. Gleichzeitig wird er dabei auch auf versteckte oder bislang unbeachtete Gefahrenquellen stoßen, die zu ungeahnten Gesundheitspro- blemen führen können. Diese Gefahren zu beseitigen und im Fall eines Unfalls schnell und richtig reagieren zu können, bewahrt den Hund oftmals vor schlimmen Folgen.

Jeder Hundehalter sollte in der Lage sein, bei seinem Hund die Körpertemperatur, den Puls, die Atmung und die Kapillarfüllungszeit zu prüfen. Um eine Abweichung vom Normalen zu erkennen, sollten Sie natürlich wissen, was als Normalwert gilt, denn dieses Wissen kann für ein Hundeleben die Rettung bedeuten.

Die Körpertemperatur

Die normale Körpertemperatur eines Hundes liegt zwischen 37,5 und 39 °C, wobei es bei verschiedenen Rassen leichte Abweichungen geben kann, die beim Tierarzt zu erfragen sind. Sie messen die Temperatur im After über einen Zeitraum von etwa einer Minute. Es empfiehlt sich, die einzuführende Spitze des Thermometers zu diesem Zweck mit etwas Vaseline oder Speiseöl gleitfähig zu machen. Am einfachsten lässt sich die Messung durchführen, wenn der Hund dabei steht und die Rute mit einer Hand hochgehalten wird. Das Thermometer muss selbstverständlich ebenfalls festgehalten werden.

Eine leicht erhöhte Temperatur kann von freudiger Erregung, einer gerade beendeten körperlichen Anstrengung oder einer geringfügigen Überhitzung herrühren. Eine deutlich erhöhte Temperatur ist gewöhnlich ein sicheres Zeichen für eine sich anbahnende Krankheit oder einen vorliegenden Notfall. Handelt es sich um eine deutliche Untertemperatur, liegt in jedem Fall ein ernstes Problem vor, das den sofortigen Besuch beim Tierarzt erfordert.

Kapillarfüllungszeit und Zahnfleischfarbe

Es ist wichtig zu wissen, wie das Zahnfleisch eines gesunden Hundes aussieht, um anhand einer Veränderung sofort feststellen zu können, dass dem Tier offensichtlich etwas fehlt. Es gibt einige Rassen, wie beispielsweise den Chow-Chow und verwandte Rassen, deren Zahnfleisch auf natürliche Weise schwarz oder blauschwarz gefärbt sind. Bis auf diese Ausnahmen ist das Zahnfleisch eines gesunden Hundes jedoch kräftig rosafarben.

Blasses Zahnfleisch kann ein Hinweis auf einen Schockzustand oder eine Anämie sein und ist stets ein Alarmzeichen. Eventuell vorhandene gelbliche Verfärbungen sind ebenfalls alarmierend und deuten einwandfrei auf eine Erkrankung hin.

Viele Hunde zeigen schwarze oder dunkelbraune Flecken an Zahnfleisch oder Zunge, was allerdings als völlig normal anzusehen ist. Es ist ebenfalls wichtig zu wissen, wie die Kapillarfüllungszeit (Wiederauffüllen der Blutgefäße) beim gesunden Hund verläuft, um in einem Krankheitsfall oder Schockzustand erkennen zu können, ob sie vom Normalen abweicht, also verlangsamt ist. Zu diesem Zweck pressen Sie den Dau-

Beim Spielen und anderen Aktivitäten wird der Herzschlag beschleunigt. Erscheint die Atmung oder der Herzschlag Ihres Deutschen Schäferhundes im Ruhezustand anormal, dann müssen Sie sich sofort mit Ihrem Tierarzt in Verbindung setzen.

men kurz aber kräftig gegen das Zahnfleisch. An dieser Stelle weicht das Blut aus dem Gewebe, und der Daumen hinterlässt einen weißlichen Abdruck. Im Normalfall sollte die gesunde Rosafärbung innerhalb von ein bis zwei Sekunden wieder zurückkehren, das Gewebe also an der Druckstelle wieder gut durchblutet und die Druckstelle nicht mehr sichtbar sein.

Der Herzschlag, Puls und die Atmung

Die Herzfrequenz ist von der Rasse und dem Gesundheitszustand des Hundes abhängig. Als normal gelten um die 50 Schläge pro Minute bei größeren Rassen, bis zu 130 Schläge bei kleineren. Um die Anzahl der Herzschläge festzustellen, pressen Sie die Fingerspitzen auf die Brust des Hundes, zählen die Schläge für die Dauer von 15 Sekunden und multiplizieren die ermittelte Zahl mit vier.

Für die normale Pulsfrequenz gelten dieselben Werte und Rechenformeln wie für den Herzschlag. Die Messung wird an einer der Oberschenkelarterien vorgenommen, die sich auf den Innenseiten der Hinterbeine befinden.

Ebenfalls von der Größe des Hundes und der Rasse abhängig sollte die Atmungsfrequenz zehn bis 30 Atemzüge pro Minute betragen. Sie wird nicht wie Herzschlag und Puls gemessen, sondern aufmerksam anhand des sich hebenden und senkenden Brustkorbs beobachtet.

Jede Abweichung von den Normalwerten dieser drei Messwerte kann durch Erregung entstehen oder aber auch auf eine Erkrankung hinweisen und sollte deshalb unbedingt von einen Tierarzt eingehender untersucht werden.

Erste Hilfe-Maßnahmen

In einer medizinischen Notfallsituation sollten unbedingt die folgenden Maßnahmen ergriffen werden.

1.) Die Telefonnummer, Adresse und Öffnungszeiten des Tierarztes sollten jederzeit griffbereit am Telefon liegen.

2.) Sie sollten stets über die Notdienstzeiten und die Telefonnummer informiert sein, unter der der Tierarzt außerhalb der normalen Sprechstundenzeiten zu erreichen ist. Bietet er selbst keinen Notdienst an, so sollte die Telefonnummer einer entsprechenden Praxis oder Tierklinik zur Hand sein.

3.) Müssen Sie auf eine solche Zweitadresse zurückgreifen, dann sollten Sie auch genau wissen, wie Sie dort hin gelangen.

4.) In einem echten Notfall ist Zeit ein lebenswichtiger Faktor. Anzeichen für eine solche Situation können die folgenden sein: ein unnatürlich helles Zahnfleisch, ein anormaler Herzschlag, eine Körpertemperatur unter 37,5 oder über 39 °C, ein Schockzustand oder Lethargie sowie Lähmungserscheinungen.

5.) Wird ein Hund in einen Autounfall verwickelt, dann ist gleichermaßen größte Eile und Vorsicht geboten. Das Tier sollte so wenig wie möglich bewegt werden, sofort in eine Tierarztpraxis gebracht und dort umgehend einer Röntgenuntersuchung unterzogen werden. Besonders wichtig ist eine eingehende Untersuchung des Brustkorbs und des Unterleibs, um eine Verletzung der Lunge oder der Blase sofort feststellen zu können.

Der Notfallmaulkorb

In einer Ausnahmesituation, in der ein Hund unter starken Schmerzen leidet oder in einem panikartigen Zustand ist, kann es für den Halter ausgesprochen schwierig werden, seinen Hund zu bändigen und ihm Erste Hilfe-Maßnahmen zukommen zu lassen. Ein in panischer Angst befindlicher Hund, der zudem noch starke Schmerzen empfindet, erreicht schnell einen Punkt, an dem er nicht einmal seinen eigenen Halter erkennt, sondern blindlings nach allem beißt, was sich ihm nähert.
Die einzige Möglichkeit, um sich selbst und das Tier in einer solchen Situation vor Schaden zu bewahren und in der Lage zu sein, ihm sofortige Hilfe zuteil werden zu lassen, ist, den Hund unter Kontrolle zu bringen und ruhigzustellen. Ist nicht sofort ein Tierarzt zur Stelle, der eine Beruhigungsspritze verabreichen kann, muss sich der Halter auf andere Weise behelfen, zum Beispiel mit einem Maulkorb. Nun besitzt nicht jeder Hundehalter einen Maulkorb, wenn er diesen nicht sowieso benötigt, um sein Tier in der Öffentlichkeit ausführen zu können. Sie können jedoch relativ einfach und schnell einen provisorischen Maulkorb basteln, der in einer solchen Situation recht hilfreich sein kann.
Sie benötigen dazu nichts weiter als eine etwa 70 cm bis ein Meter lange stabile Schnur oder Kordel. Im Notfall kann auch die Leine, ein Nylondamenstrumpf oder etwas ähnliches benutzt werden. Mit diesem „Werkzeug" verfahren Sie folgendermaßen:

1.) Sie verknoten es leicht in der Mitte, so dass eine herunterhängende, große Schlaufe entsteht. Es wird dazu ein einfacher Knoten benutzt, der sich leicht zuziehen lässt.

2.) Die beiden Enden werden mit beiden Händen auseinandergehalten.

3.) Die Schlaufe wird nun langsam unter ruhigem Zureden über die geschlossene Schnauze des Hundes gezogen, so dass sie sich kurz hinter der Nase befindet und sowohl Ober- als auch Unterkiefer umschließt.

4.) Die Schlaufe wird schnell zugezogen, was den Hund daran hindert, sein Maul zu öffnen.

5.) Nun werden die beiden Enden unterhalb des Unterkiefers nochmals verknotet.

6.) Danach ziehen Sie die beiden Enden rechts und links unterhalb der Ohren nach hinten und verknoten sie am Hinterkopf erneut.

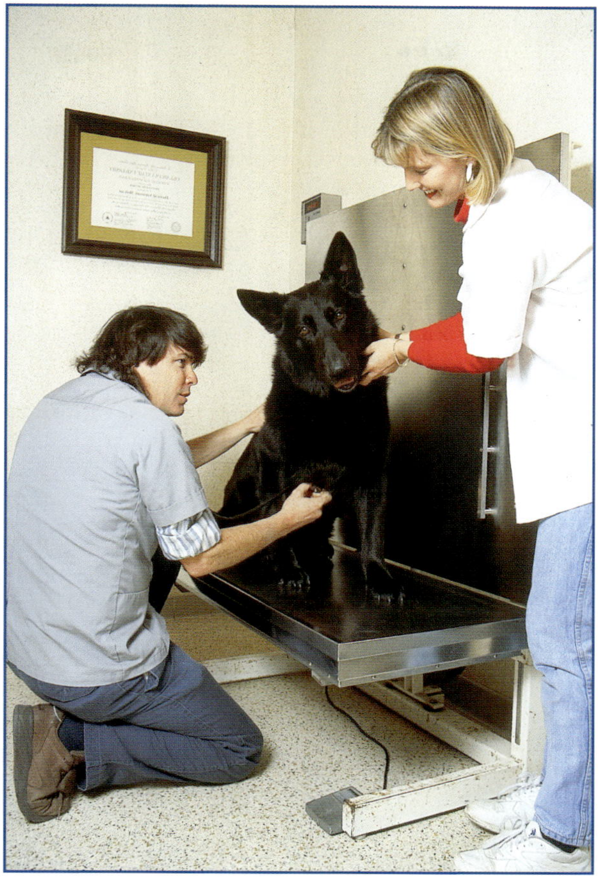

Für Notfallsituationen sollten Sie stets die Telefonnummer Ihres Tierarztes griffbereit haben.

Es ist wärmstens zu empfehlen, das Anlegen dieses „Notfall-Maulkorbs" von Zeit zu Zeit zu üben und den Hund an diese Prozedur zu gewöhnen, solange er gesund und ruhig ist. So wird sichergestellt, dass dieser Vorgang dem Tier bereits vertraut ist und Sie jeden erforderlichen Handgriff kennen. Ist ein eintretender Notfall auch gleichzeitig die Premiere für dieses Hilfsmittel, so überträgt sich die Nervosität des darin ungeübten Halters auf den Hund und macht, in Verbindung mit der Angst vor diesem „Monstrum", die Situation nur noch schlimmer. Es ist unbedingt darauf zu achten, dass, wenn sich der Hund erbrechen sollte, dieser oder jeder andere Maulkorb sofort zu entfernen ist, damit das Tier nicht an dem Erbrochenen ersticken kann.

Welpen brauchen Ruhe. Überschätzen Sie die Ausdauer Ihres Welpen nicht und gönnen Sie ihm ausgedehnte Ruhephasen nach dem Spielen.

Vergiftung durch Frostschutzmittel

Auch hier ist Zeit der wichtigste Faktor zur Rettung des Hundes. In der offenen Garage oder anderswo herumstehende Behälter mit Frostschutzmittel sind potentielle Gefahrenquellen.

Frostschutzmittel hat einen süßlichen Geschmack, was für den Hund einen fast unwiderstehlichen Anreiz bietet, es aufoder abzulecken. Der Hauptbestandteil von Frostschutzmitteln ist Ethylenglycol, das zu schwersten, irreparablen Nierenschäden führt.

Heute gibt es bestimmte Testmethoden, um eine solche Vergiftung schnell nachzuweisen. Die Behandlung ist ausgesprochen drastisch und muss umgehend erfolgen, um das Tier noch zu retten. Um es gar nicht erst zu solchen Vorfällen kommen zu lassen, sollten Sie stets darauf achten, Frostschutzmittel unbedingt außerhalb der Reichweite von Hunden und anderen Haustieren aufzubewahren.

Wespen- und Bienenstiche

Ein Wespen- oder Bienenstich kann extrem starke Reaktionen nach sich ziehen und aus Atmungsproblemen, Ohnmachtsanfällen und sogar dem Tod des Hundes bestehen. Deutliche Anzeichen sind Schwellungen um die Schnauze herum und im Gesicht. In solchen Fällen ist es wichtig, die Farbe des Zahnfleisches, die Atmungs-

tätigkeit sowie die Schwellung aufmerksam zu beobachten. Treten Abweichungen vom Normalzustand auf und wird die Schwellung zunehmend stärker, ist sofort ein Tierarzt aufzusuchen. Wurde das Tier im Maulinnenraum oder sogar in die Zunge gestochen, dann sollten Sie keinesfalls warten, sondern sofort reagieren – hier besteht akute Erstickungsgefahr.
In jedem Fall kann das Verabreichen eines wirksamen Antihistamins eine schnelle Erleichterung bringen und dem Halter einen Zeitvorteil verschaffen. Da jedoch nicht alle Antihistamine für diesen speziellen Fall geeignet sind, sollten Sie sich vom Tierarzt für den Notfall beraten lassen und stets einen kleinen Vorrat im Haus haben.

Blutungen

Blutungen können durch unterschiedliche Faktoren hervorgerufen werden. Zum Beispiel kann es sich dabei um eine ausgerissene oder eine zu kurz abgeschnittene Kralle, eine leichte Hautverletzung oder auch eine ernste Fleischwunde handeln.
Die erste Maßnahme bei stärkeren Blutungen ist, sofort einen Druckverband anzulegen, um die Blutung zu stoppen. Dieser Verband muss alle 15 bis 20 Minuten gelockert werden, damit die allgemeine Durchblutung nicht zu lange unterbunden wird. Das Verbandmaterial muss unbedingt sauber und sollte nicht zu elastisch sein, denn das birgt die Gefahr, dass es zu fest gewickelt wird. Steht kein professionelles Verbandmaterial zur Verfügung, kann auch ein Handtuch, ein Waschlappen oder ähnliches benutzt werden, das dann mit einer Krawatte oder einem Gürtel festgebunden wird.
Eine blutende Kralle kann mit etwas blutstillender Watte oder ebensolchem Puder behandelt werden, jedoch sollte der Tierarzt danach einen Blick darauf werfen, um eine Entzündung rechtzeitig zu verhindern. Jede Wunde sollte zuerst mit einem antiseptischen Reinigungsmittel gesäubert und dann verbunden werden. Alkohol sollte möglichst nicht benutzt werden, denn er wirkt sich negativ auf die Heilung des Gewebes aus. Bei größeren oder tieferen Wunden muss das Tier umgehend in ärztliche Behandlung.

Blähungen

Obwohl eine normale Blähung, bei der das Gas auf natürliche Weise aus dem Körper entweicht, nicht unbedingt als eine Notfallsituation betrachtet werden kann, muss auch hier zwischen Normal und Anomal unterschieden werden.
Ein regelrecht aufgeblähter Magen oder Darm tritt eigentlich häufiger bei großen Hunderassen auf, ist deshalb jedoch bei kleineren nicht ausgeschlossen. Hier handelt sich um einen lebensbedrohenden Zustand, der eine umgehende Reaktion erfordert.
Der Magen wird hierbei durch übermäßige Gasansammlungen oder eine schaumige Substanz ausgedehnt und kann sich nicht entleeren. Dieser Zustand kann wiederum zu einer Magendrehung führen, wodurch beide Magenöffnungen blockiert werden. Durch die Verdrehung wird auch eine der Hauptvenen blockiert, die Blut zum Herzen transportieren, wodurch ein enormer Druck auf die Blutzirkulation ausgeübt wird. Diese Situation führt in nur kurzer Zeit zu einem Schockzustand mit nachfolgendem Tod. Hier ist umgehende ärzt-

liche Hilfe in Form einer Notoperation der einzige mögliche Lebensretter.

Verbrennungen

Rührt die Verbrennung vom Kontakt mit einer Chemikalie her, dann muss umgehend der Tierarzt angerufen werden. Normale Verbrennungen werden unter kaltem, fließenden Wasser gelindert und anschließend wird der Tierarzt aufgesucht. Bei ernsthaften Verbrennungen oder auch leichteren, jedoch flächenmäßig großen, wird der Hund am besten sofort in eine Tierklinik gebracht. In vielen Fällen ist es zur Sauberhaltung der Wunde notwendig, das umgebende Haar abzurasieren.

Die Behandlung besteht meistens aus einer gründlichen Reinigung der Wunde und dem Auftragen einer antimikrobischen Salbe; ein Vorgang, der täglich wiederholt werden muss. Eine mittelschwere Brandwunde benötigt etwa drei Wochen zur vollständigen Heilung, wobei damit gerechnet werden muss, dass ein neuer Fellwuchs an der Brandstelle in einigen Fällen ausbleibt. Unbehandelte Verbrennungen ufern in Sekundärinfektionen aus, verursachen dem Tier enorme Schmerzen und können zu einem möglicherweise tödlichen Schock führen. Besonders ältere Hunde reagieren hier meistens bedeutend empfindlicher als jüngere.

Wiederbelebung

In einem Fall, in dem der Hund scheinbar unter einem Herzstillstand leidet, muss zuerst schnellstens überprüft werden, ob noch ein Herzschlag, Puls und eine Atmungstätigkeit festzustellen ist. Sind die Pupillen des Hundes bereits erweitert und starr, dann sieht die Diagnose nicht gut aus. Eine solche Notsituation erfordert zwei Menschen zur Anwendung der professionellen Wiederbelebungsversuche. Eine Person muss für das Tier atmen, während die zweite sich dem Wiederbeleben des Herzens widmet.

Der Hund wird auf seine rechte Seite gelegt, die Hände des Halters befinden sich rechts und links am Brustkorb, etwa in Höhe der vierten und fünften Rippe. Der Brustkorb wird nun gleichmäßig zusammengepresst und dann wieder losgelassen. Dieser „Pumpvorgang“ wird je nach Größe des Hundes 70 bis 120 Mal in der Minute wiederholt.

Die Zunge wird nach vorne aus dem Maul gezogen, um die Atmung nicht zu behindern. Nach jedem fünften „Pumpen“ holt der Helfer tief Luft, deckt die Nase des Hundes mit den Händen ab und atmet langsam in das Maul aus. Dabei sollte zu beobachten sein, dass sich der Brustkorb des Hundes weitet. Dieser Vorgang wird alle fünf bis sechs Sekunden (zwölf bis 20 Mal pro Minute, ebenfalls je nach Größe des Hundes) wiederholt, wobei der Brustkorb weiterhin bearbeitet wird, nur nicht in dem Moment, in dem der Helfer Luft in die Lungen des Hundes pumpt. Das Tier muss unbedingt warmgehalten und der Tierarzt umgehend verständigt werden. Sobald sich Herzschlag und Atmung wieder eingefunden haben, muss schnellstens für einen sicheren Transport in eine Tierklinik gesorgt werden.

Schokoladenvergiftung

Hunde lieben Schokolade, doch diese Vorliebe kann sie umbringen. Verantwortlich dafür sind zwei in der Schokolade enthal-

Achten Sie darauf, was Ihre Kinder im Beisein Ihres Hundes essen. Schokolade enthält für den Hund schädliche Stoffe, die sein Leben unter Umständen vorzeitig beenden können.

tene Stoffe: Koffein und Theobromin, ein natürliches Alkaloid der Kakaobohne. Diese Stoffe führen beim Hund zu einer überstimulation des Nervensystems. Eine Milchschokoladenmenge von nur 280 g kann bereits einen fünf Kilogramm schweren Hund umbringen!

Die Symptome für eine solche Vergiftung sind Ruhelosigkeit, Erbrechen sowie ein beschleunigter Herzschlag und Krämpfe. In der Folge verfällt der Hund ins Koma. Der nachfolgende Tod ist wahrscheinlich, wenn nicht sofort gehandelt wird.

Als erste Maßnahme sollte der Hund umgehend zum Erbrechen gebracht werden; der Tierarzt ist sofort zu benachrichtigen. Als effektives Brechmittel können $^1/_4$ Teelöffel Brechwurzelsirup pro Kilo Körpergewicht verabreicht werden.

Die sicherste und einfachste Methode ist allerdings, seinen Hund erst gar nicht auf den Geschmack zu bringen und Schokolade als ein Tabu zu betrachten. Für den menschlichen Genuss hergestellte Lebensmittel sind für einen Hundeorganismus sowieso ungeeignet und sollten generell vom Speiseplan gestrichen werden.

Ersticken

Die erste Maßnahme in solchen Fällen ist die Suche nach dem Auslöser. Sie halten den Hundekörper zwischen den Beinen, greifen mit jeweils einer Hand Ober- und Unterkiefer, öffnen das Maul und schauen so weit wie es geht in den nach oben gereckten Hals. Ist ein Fremdkörper sichtbar, der offensichtlich die Atmung blockiert, dann muss dieser umgehend entfernt werden. Haben Sie einen Assistenten zur Hand,

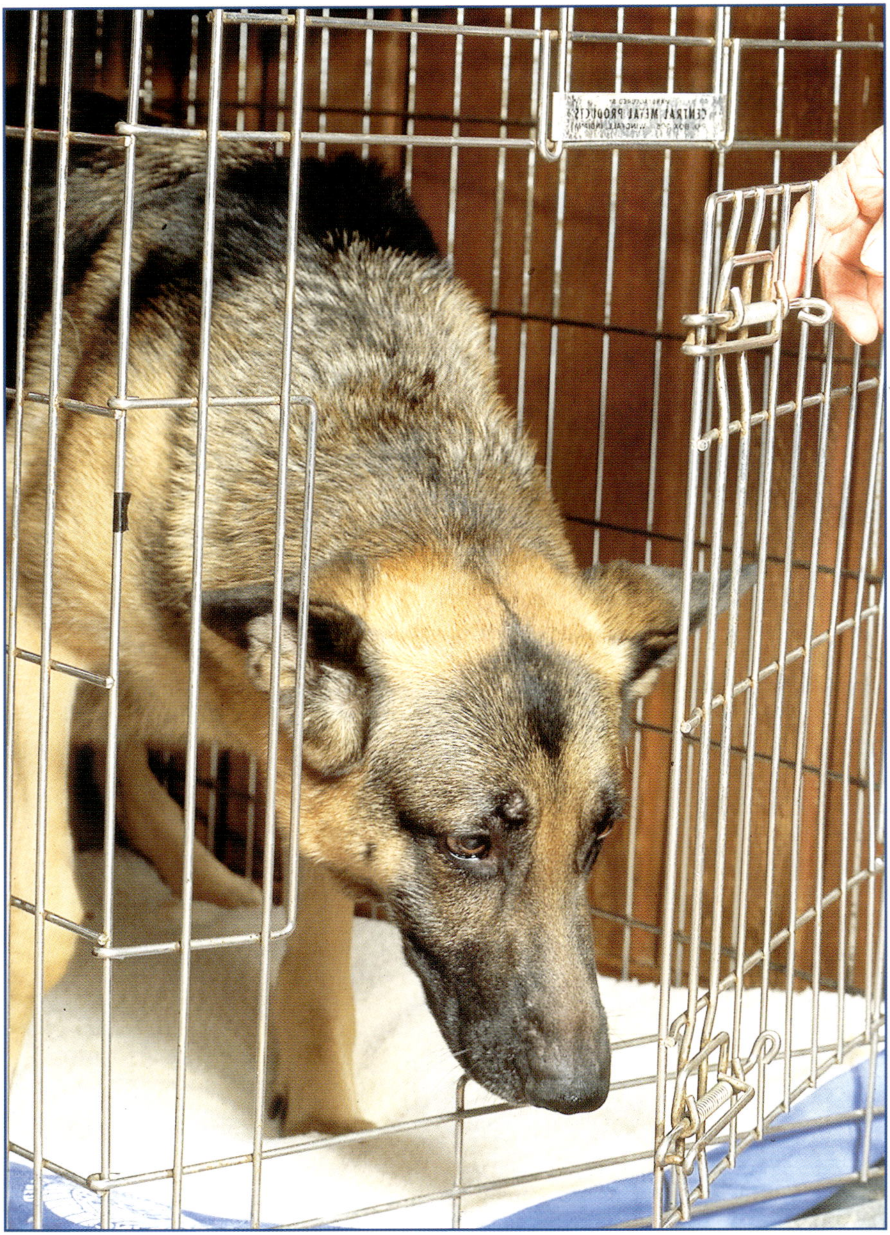

Ein solcher Hundekäfig ist zwar für den Transport des Tieres, zum Beispiel zum Tierarzt oder wenn Sie mit Ihrem Hund verreisen, durchaus geeignet, zur Unterbringung des Tieres im Haus oder Garten oder als Schlafplatz ist es allerdings völlig ungeeignet.

dann kann dieser versuchen, den Gegenstand mit der Hand oder einer langen, stumpfen Pinzette zu greifen. Ist das nicht möglich, so muss versucht werden, den Hund mit dem Kopf nach unten zu halten, damit der Gegenstand dann vielleicht nach vorne rutscht und herausfällt. Da Zeit hier ein lebenswichtiger Faktor ist, muss noch während dieser Erste Hilfe-Maßnahmen der Tierarzt benachrichtigt werden.

Um solche Unfälle zu vermeiden, muss darauf geachtet werden, dass Spielsachen stets eine Größe haben, die ein Verschlucken unmöglich macht. Desweiteren müssen Ketten oder kettenartige Halsbänder außerhalb der Auslaufzeiten abgelegt werden. Anderenfalls besteht die Gefahr, dass der Hund beim Spielen an einem Gegenstand hängenbleibt und sich bei dem Versuch freizukommen selbst erwürgt. Ein Lederhalsband ist unbedenklich und kann ständig um den Hals des Hundes belassen werden. Es ist darauf zu achten, dass der Hund keinen Zugang zu kleinen, splitternden Hohlknochen hat. Dazu zählen kleine Knochenteile, kleine Markknochen, Kotelettknochen und Knochen von Hähnchen.

Ein kleiner Markknochen kann klein genug sein, um problemlos verschluckt zu werden, jedoch andererseits zu groß sein, um auf natürlichem Wege ausgeschieden zu werden. Eine Magendrehung oder ein Darmverschluss können die Folge sein. Kotelett- und Brathähnchenknochen zersplittern und können im Hals steckenbleiben oder mit ihren scharfen Bruchspitzen die Speiseröhre oder die Magen- oder Darmwände aufreißen. In der Folge kann es zu schwersten inneren Verletzungen oder einem Tod durch Ersticken kommen.

Um Unfälle zu vermeiden, müssen Ketten und kettenartige Halsbänder außerhalb der Auslaufzeit dem Hund abgenommen werden. Die Gefahr, dass der Hund beim Spielen hängenbleibt und sich beim Versuch sich selbst zu befreien stranguliert, ist zu groß.

Bissverletzungen

Wurde ein Hund von einem anderen gebissen, dann muss die Wunde gereinigt und die Schwere der Verletzung beurteilt werden. Ist die Wunde tief oder großflächig und blutet stark, so ist eine sofortige tierärztliche Hilfe unverzichtbar. Handelt es sich dagegen nur um eine oberflächliche Wunde, bei der lediglich die Haut beschädigt wurde, so reicht vorerst eine gründliche Säuberung, das Entfernen des umliegenden Fells und das Auftragen einer antibakteriellen Salbe. Dennoch sollte das Tier zur Sicherheit einem Tierarzt vorgeführt werden.

In jedem Fall sollten Sie über den Zeitpunkt der letzten Tollwut-Schutzimpfung informiert sein, denn das kann von größter Bedeutung für das Leben des Hundes sein, besonders dann, wenn Sie den Verursacher der Wunde nicht kennen. Auch für Ihr

Für einen Hund kann ein offenes Gewässer viele Gefahren bergen. Es kommt immer wieder vor, dass vor allem junge Hunde ertrinken.

Leben ist diese Information wichtig, wenn Sie das Opfer einer solchen Bissverletzung werden. Überprüfen Sie in diesem Fall ist das Datum Ihre letzten Tetanusimpfung.

Ertrinken

Es kann passieren, dass junge Hunde oder Welpen in ein öffentliches Gewässer oder einen Swimmingpool springen oder fallen. Obwohl der Hund darauf instinktiv mit Schwimmbewegungen reagiert, kann es schnell dazu kommen, dass ihm die Kraft ausgeht, bevor er das sichere Ufer erreicht, abgetrieben wird oder sich in seiner Panik am falschen Ende des Pools herauszuziehen versucht, dort jedoch immer wieder abrutscht und ins Wasser zurückfällt.

Wird der Hund umgehend nach dem Untergehen geborgen, so können Wiederbelebungsversuche durchaus erfolgreich sein. Das Maul wird geöffnet, alle Fremdkörper wie Schmutz und ähnliches werden schnell entfernt, der Hund wird dann am Hinterkörper gehalten und mit dem Oberkörper nach unten hängend hin und her geschwungen, um das Wasser aus den Lungen zu entlassen. Die Zunge wird aus dem Maul herausgezogen, um die Atmung nicht zu behindern, und es werden Mund-zu-Mund-Beatmungen sowie Herzmassagen durchgeführt (wie unter „Wiederbelebung" beschrieben). Der Tierarzt ist umgehend zu benachrichtigen.
Diese Erste Hilfe-Maßnahmen dürfen nicht eingestellt werden, bis das Tier entweder zu sich kommt und das verschluckte Wasser erbricht oder ärztliche Hilfe eingetroffen ist. Außerdem sollte der Hund in eine Decke eingewickelt und warm gehalten werden, denn es besteht die Gefahr einer Unterkühlung und des Schocks.

Elektroschock

Welpen, Junghunde, jedoch auch bereits ältere Tiere neigen oftmals dazu, sich plötzlich und unvermutet mit Dingen im Haus zu beschäftigen, die sie vorher nicht eines Blickes gewürdigt haben. Dazu können auch Elektrokabel und elektrische Geräte gehören.
Welpen und Junghunde sind genauso neugierig wie Kleinkinder und verspüren den unbändigen Drang, alles Unbekannte mit ihrer kleinen, feuchten Nase, den Pfoten oder sogar den Zähnen zu untersuchen. Deshalb empfiehlt es sich, in Reichweite befindliche Steckdosen mit Sicherheitskappen zu versehen und den gesamten Stromkreislauf mit einem Schutzschalter abzusichern. Dabei handelt es sich um einem sogenannten Wasserschlag-Sicherheitsschutzschalter, kurz FI-Schalter genannt, der in jedem guten Elektrogeschäft

Deutsche Schäferhunde sind hinsichtlich der Wahl ihres Ruheplatzes unberechenbar. Diese Hündin hat ihren eigenen Schlafplatz gegen den Katzenkorb eingetauscht.

erhältlich ist. Diese blitzschnell reagierenden „Sicherungen" reagieren bereits auf geringste Fehlströme und schalten sofort den Stromkreis ab, lange bevor dies eine normale Sicherung tun würde. Sie können so nicht nur das Leben des Hundes oder auch eines Kinds retten, sondern verhindern darüberhinaus auch auf diese Weise entstehende Wohnungsbrände.

Ich kann aus eigener Erfahrung sagen, dass diese Maßnahme lebensrettend sein kann. Einer meiner Hunde, sieben Jahre alt, hatte sich eines Tages ein in Reichweite befindliches Verlängerungskabel in sein Körbchen gezerrt und genüsslich darauf herumgekaut, bis die Isolierung durchbrochen und die nackten Kabel miteinander und seiner feuchten Zunge in direkten Kontakt kamen. Der Sicherheitsschutzschalter, der zu diesem Zeitpunkt glücklicherweise bereits installiert war, reagierte sofort und rettete ihm so das Leben.

Kommt es jedoch zu einem Stromschlagunfall, weil eine solche Sicherheitseinrichtung nicht vorhanden ist, so müssen folgende Dinge beachtet werden. Zuerst muss der Stromkreis unterbrochen werden, bevor das betreffende Tier angefasst wird. Die Zunge wird aus dem Maul herausgezogen und es werden Mund-zu-Mund-Beatmung sowie Herzmassagen durchgeführt. Der Hund muss schnellstmöglich einem Tierarzt vorgeführt werden, denn Stromschläge können nicht sichtbare innere Verletzungen wie Lungenschäden verursachen, die eine sofortige Behandlung erfordern.

Es ist grundsätzlich darauf zu achten, dass sich elektrische Geräte stets außerhalb der Reichweite des Hundes befinden. Bei in Betrieb befindlichen Geräten, die zeitweise oder ständig ans Stromnetz angeschlossen sind, müssen die Kabel so verlegt sein, dass der Hund nicht daran hängen bleiben und das Gerät herunterreißen kann.

Augen

Gerötete Augen weisen auf Augeninfektionen hin – jede Rötung des weißen inneren Augenbereichs ist ein Alarmzeichen. Schielen, eine trübe Pupille oder eine offensichtlich beeinträchtigte Sehfähigkeit sind Anzeichen für ernste Probleme wie ein Glaukom (Grüner Star) oder ähnlich schwere Augenerkrankungen.
Bei einem Glaukom ist umgehende ärztliche Hilfe erforderlich, um das Augenlicht des Tieres zu retten. Eine prolabierte Nickhaut (Vorfall des dritten Augenlids) ist eine anormale Erscheinung und deutet auf ein unterschwelliges Problem hin. Das Gleiche gilt für ein schlaffes, herunterhängendes oberes oder auch unteres Augenlid.
Allergien oder ständig tränende Augen können ein vorübergehendes, dabei aber sehr störendes Problem sein. Durch die stetig austretende Tränenflüssigkeit ist der Bereich unter dem Auge anhaltend feucht, was zu einer Infektion führen kann. Schwellungen, Rötungen oder geplatzte Blutgefäße im Inneren des Auges können auch einen im Auge befindlichen Fremdkörper als Ursache haben. Dieser muss schnellstens, jedoch mit größter Vorsicht entfernt werden, wozu das Auge am besten mit kaltem Wasser ausgewaschen wird. Klingen Schwellung und Rötung danach nicht zusehends ab, und erweckt der Hund durch auffälliges Blinzeln und Reiben mit der Pfote immer noch den Eindruck, dass etwas das Auge irritiert, dann sollte unbedingt ein Tierarzt aufgesucht werden.
Die Liste der möglichen Ursachen für Augenprobleme ist lang - Allergien, Infektionen, Fremdkörper, eingewachsene Wimpern, störende lange Gesichtshaare, Erkrankungen oder Verletzungen des Tränenkanals, deformierte Augenlider und so weiter. Jede dieser Ursachen erfordert eine individuelle Behandlung, über die generell der Tierarzt und nicht das Gutdünken des Halters entscheiden sollte.

Ohren

Das gesunde Hundeohr zeigt eine innen rosafarbene Ohrmuschel, es ist frei von Sekretabsonderungen und der Hund verspürt nur hin und wieder den Drang, sich am Ohr zu kratzen.
Wird häufiges und hartnäckiges Kratzen beobachtet, ist die Ohrmuschel rot gefärbt, wirkt die Haut entzündet oder rauh, sind Absonderungen von dunklem oder blutigem Ohrenschmalz oder übelriechende Ablagerungen von braunen, gelblichen oder blutigen Verkrustungen im Ohr zu entdecken, wird der Kopf häufig geschüttelt, reagiert das Tier bei der Berührung der Ohren mit Schmerzen oder sind Schwellungen vorhanden, dann liegt ein offensichtliches Problem vor.
So lang wie die Liste der möglichen Symptome ist auch die der infragekommenden Ursachen: Futterallergien oder Reaktionen auf eingeatmete Stoffe, ein Milbenbefall, eine allergische Reaktion auf ein Medikament, eine Infektion, eine Verletzung, eine Zecke oder ein anderer Fremdkörper der, wie auch immer, in das Ohrinnere gelangt ist. Bei älteren Hunden kann ein häufiges Kopfschütteln auch mit einer altersbedingten Schwerhörigkeit in Zusammenhang stehen, die das Tier irritiert.

Ein Hund könnte sich beim Schwimmen in natürlichen Gewässern an Glasscherben verletzen oder mit der Leine an herabhängenden Ästen hängenbleibt. Es ist also nur gut, wenn Sie für solche Notfälle gerüstet sind.

Sicherlich handelt es sich bei den meisten dieser Erscheinungen um keinen wirklichen Notfall, jedoch sollten sie trotzdem nicht auf die leichte Schulter genommen, sondern es sollte schnellstens reagiert und versucht werden, die Ursache zu ergründen. Gewissheit darüber, um welche der vielen Möglichkeiten es sich nun definitiv handelt, kann nur eine eingehende Untersuchung beim Tierarzt bringen.

Das Atmungssystem

Husten oder häufiges Niesen sind deutliche Anzeichen für Atemwegserkrankungen. Es kann sich dabei um eine Erkältung, eine Bronchitis, eine Lungenentzündung aber auch um eine Allergie oder eine Mandelentzündung handeln.
Es ist unbedingt darauf zu achten, ob die Atmung flach, beschleunigt, verlangsamt oder schwer ist. In jedem Fall ist bei Auftreten der vorgenannten Symptome wie auch bei röchelnden oder lauten Atemgeräuschen sofort ein Tierarzt zu konsultieren,

Durch Entzündungen oder Verletzungen geschädigte und empfindliche Augen müssen vor längerer, direkter Sonneneinstrahlung geschützt werden.

um dem Übel so schnell wie möglich auf die Schliche zu kommen.

Fischgräten

Es sollte unnötig sein zu erwähnen, dass vor dem Verfüttern von Fisch sämtliche Gräten zu entfernen sind. Dennoch kann es dazu kommen, dass eine oder zwei Gräten übersehen werden, der Hund den Fisch aus einer Mülltonne ausgegraben oder von einem „freundlichen" Nachbarn bekommen hat, was meistens ohne das Wissen des Halters geschieht.

In solchen Fällen darf nicht versucht werden, die festhängende Gräte aus dem Hals des Hundes zu entfernen, weil ein Laie dabei durchaus mehr Schaden anrichten als helfen kann. Außerdem wird sich das verängstigte und unter Schmerzen leidende Tier nicht so ohne weiteres in den Hals fassen lassen, was in den meisten Fällen das Verabreichen eines Beruhigungsmittels notwendig macht. Hat sich die Gräte quer im Hals verfangen, was meistens der Fall ist, so muss sie erst in der Mitte durchtrennt werden, bevor beide Teile dann einzeln entfernt werden können. Anderenfalls würde der Versuch, die festhängende Gräte in einem Stück herausziehen zu wollen, unweigerlich in einer noch schlimmeren Verletzung ausarten, als der, die sowieso bereits entstanden ist. Diese Verletzung muss vermutlich mit Antibiotika behandelt werden, weshalb unbedingt und umgehend ein Tierarzt aufzusuchen ist.

Fremdkörper

Es ist teilweise unglaublich, für welch unmögliche Dinge sich ein Hund begeistern kann. Unterhalten Sie sich einmal ausgiebig mit einem Tierarzt, dann werden Sie kaum glauben wollen, was dieser schon alles aus den gemarterten Mägen und Gedärmen von Hunden herausoperiert hat. Besonders junge Hunde betrachten alles, was ihnen vor die Nase kommt, in erster Linie als fressbar. Dabei wird kaum darauf geachtet, ob das Objekt auch schmeckt, solange es nur in irgendeiner Weise anregend oder interessant riecht. Zu solch gefährlichen Fremdkörpern, die das Leben eines Hundes schnell und vorzeitig beenden können, zählen nicht nur Splitterknochen von Koteletts und die Hohlknochen von gebratenem Geflügel, sondern auch beispielsweise das Verpackungsmaterial von Lebensmitteln. Der Papp- oder Styroporteller und die Klarsichtfolie, in der Fleisch verpackt war, Staniolfolie, Plastiktüten, einfach alles, was zur Verpackung von Fleisch, Wurst und anderen verlockend riechenden Dingen benutzt wird, erregt das Interesse eines Hundes. Der daran haftende Duft macht das Objekt so reizvoll, dass es kurzerhand angeknabbert oder gleich mit „Haut und Haaren" verschlungen wird. Oftmals sind es auch nur kleine Teile von Fremdkörpern, die in den Magen gelangen und dann unverdaut über den Darm ausgeschieden oder erbrochen werden. Was jedoch, wenn das Objekt weder vorne noch hinten auf mehr oder weniger natürliche Weise wieder austritt?

Ob Sie es glauben möchten oder nicht, es sind nicht nur nach Lebensmitteln riechende Fremdkörper aus Hunden herausoperiert worden, sondern auch eine Reihe anderer Dinge wie Steine, Socken, Unterhosen, Strümpfe, Windeln, Waschlappen, alle Arten von Plastik, Spielzeug und sogar Teile von Reitpeitschen, Schuhen und Handtaschen!

Offensichtlich sollte ein Hund dahingehend erzogen werden, sich nicht an solchen Dingen zu vergreifen, sondern sich mit seinem eigenen (hoffentlich) gefahrlosen Spielzeug zu beschäftigen. Jedoch muss besonders bei Welpen und Junghunden jederzeit mit einem solchen Zwischenfall gerechnet werden. Treffen Sie also auf angeknabberte Gegenstände, vermissen plötzlich welche, findet beim Hund keine Verdauung statt oder muss er sich offensichtlich quälen, um wenigstens eine kleine Kotmenge auszuscheiden, wird aus unerklärlichen Gründen das Futter verweigert oder dieses kurz nach dem Verzehr wieder erbrochen, versucht sich das Tier erfolglos zu erbrechen, reagiert auf das leichte Abtasten von Magen- und Darmbereich mit Anzeichen von Schmerzen oder die Magenregion wirkt aufgebläht, dann sind das alles Anzeichen für einen ernsthaften Notfall. Der Hund muss umgehend zu einem Tierarzt gebracht werden, der feststellen wird, ob eine sofortige Operation erforderlich ist oder ob vielleicht ein geeignetes Abführ- oder Brechmittel die ersehnte Erleichterung bringt. Obwohl oftmals dazu geraten wird, den Hund umgehend erbrechen zu lassen, soll an dieser Stelle davon abgeraten werden. Abhängig davon, was für einen Gegenstand das Tier verschluckt hat, wie groß er ist, aus welchem Material er besteht, welche Menge davon gefressen wurde, wie lange es bereits im Magen liegt und in welchem Allgemeinzustand sich das Tier befindet, kann Erbrechen den Schaden durchaus noch vergrößern. Die Entscheidung darüber, was wann und wie in einem solchen Fall getan werden muss, sollte hier unbedingt dem Tierarzt überlassen werden.

Hitzschlag

Obwohl oftmals gesagt wird, dass besonders langhaarige Hunderassen unter hohen Temperaturen leiden, ist genau das Gegenteil der Fall. Es sind meistens die kurzhaarigen Rassen, die statt Ober- und Unterfell nur eine Fellschicht mit einer dementsprechend schlechteren Isolationswirkung besitzen und dadurch auf hohe Temperaturen empfindlicher reagieren. Die Länge der Schnauze hat einen anatomisch bedingten Einfluss auf das natürliche „Kühlsystem" des Hundes. Dieses funktioniert bei Hunden mit längeren Schnauzen effektiver als bei kurzschnäuzigen. Ein erhöhtes Risiko besteht für alle übergewichtigen und herzkranken Hunde.

Es kann jedoch in jedem Fall zu einem Hitzschlag kommen, wenn das Tier für längere Zeit sehr hohen Temperaturen oder direkter Sonneneinstrahlung ausgesetzt wird, ohne dem ausweichen zu können. Solche Situationen entstehen beispielsweise, wenn der Hund im Auto eingesperrt ist, dieses in der Sonne steht oder die Außentemperaturen relativ hoch sind. Selbst an beiden Seiten leicht geöffnete Fenster schaffen hier keine ausreichende Abhilfe. Das Anbinden des Hundes an einem sonnenexponierten Platz im Freien oder das übermäßige Herumtollen mit dem Tier in der Sonne sind ebenfalls gefahrenträchtige Situationen.

Anzeichen für einen Hitzschlag sind flaches, schnelles Atmen, beschleunigter Herzschlag, eine erhöhte Körpertemperatur sowie Ohnmachtsanfälle. In einem solchen Fall muss das Tier sofort gekühlt und von einem Tierarzt behandelt werden. Das Kühlen geschieht am besten mit Wasser, das jedoch nicht einfach über das Tier gegossen wird, denn dies würde unweigerlich einen Schock auslösen. Sie reiben das Tier erst mit einem nassen Lappen oder Schwamm mit dem kühlenden Wasser ab und lassen es dann langsam über den Körper rieseln. Der Hund muss unbedingt abgeschattet und mit frischer und kühler Luft versorgt werden, wobei Zugluft unbedingt zu vermeiden ist.

Außerdem können Sie Eiswürfel um den Kopf und Hals legen, um eine anhaltende Kühlung zu erzielen. Dabei muss die Körpertemperatur des Tieres überwacht und das Kühlen eingestellt werden, sobald die Normaltemperatur wieder hergestellt ist. Diese wird weiterhin überwacht, um sicherzustellen, dass sie nicht erneut ansteigt, was dann ein wiederholtes Kühlen erforderlich macht. Bleibt die Temperatur nicht konstant, sondern sinkt auch ohne Kühlung weiter, dann besteht Lebensgefahr. Professionelle Hilfe ist unbedingt und schnellstmöglich erforderlich.

Vergiftungen allgemein

Vergiftungserscheinungen äußern sich oftmals durch Muskelkrämpfe und Schwäche, übermäßigen Speichelfluss, Erbrechen, heftigen unkontrollierten Durchfall und Gleichgewichtsstörungen. Hier gilt es in erster Linie herauszufinden, was der Hund gefressen oder getrunken hat.

Handelt es sich dabei um chemische Stoffe wie Reinigungsmittel, Farbverdünner oder ähnliches, und Sie sind sich der Ursache der Vergiftung sicher, so ist sofort der Tierarzt zu verständigen und über die auf der Verpackung aufgelisteten Inhaltsstoffe zu informieren, damit er sich ein Bild von der Art der Vergiftung machen kann. Er wird noch am Telefon Anweisungen darüber geben, was bis zu seinem Eintreffen zu tun ist.

In einem normalen Haushalt existieren bis zu 500 000 Giftstoffe, die einem Hund gefährlich werden können. Sie mögen im Haushaltsabfall vorhanden sein, es kann sich aber auch um Pestizide, Medikamente, Pflanzen, Schokolade oder Reinigungsmittel handeln, durch die sich der Hund eine Vergiftung zuzieht.

Es kann jedoch auch auf indirektem Weg zu Vergiftungen kommen. Der Verzehr von vergifteten Nagetieren ist nur ein Beispiel dafür. Sie sollten Ihren Hund auch unbedingt dazu erziehen, kein Futter von fremden Personen anzunehmen. Diese Person muss nicht zwingendermaßen etwas Böses im Schilde führen, kann dem Tier jedoch unbewusst etwas zu fressen anbieten, was Giftstoffe enthält (z.B. Schokola-

Die „große Freiheit“ birgt für einen Deutschen Schäferhund viele Gefahren. Vergiftete Nagetiere und giftige Pflanzen, um nur einige Beispiele zu nennen. Wenn Ihr Hund allerdings gut erzogen ist, sollte es keine Probleme damit geben.

... und denken Sie dran

Um es gar nicht erst zu Unfällen kommen zu lassen, ist Vorbeugung die wichtigste Maßnahme. Denken Sie stets daran, dass ein Hund – vor allem ein noch sehr junger – wie ein Kleinkind handelt und von mehr oder weniger den gleichen Dingen und Situationen magisch angezogen wird. Lassen Sie bei Ihrem Hund die gleiche Vor- und Umsicht walten, wie bei Ihren Kindern. Das ist der beste Weg zur Vermeidung von Unfällen.

de) oder eine allergische Reaktion auslöst. In jedem Fall muss sofort ein Tierarzt informiert werden. Wenn Sie den Grund des Übels nicht ausfindig machen können, ist es ihm dennoch möglich, anhand der deutlichen Symptome zu erahnen, um was es sich aller Wahrscheinlichkeit nach handeln könnte und entsprechende Anweisungen für Erste Hilfe-Maßnahmen zu geben. Und eine sehr wichtige Regel muss unter allen Umständen eingehalten werden: Finger weg von Milch oder anderen bei vergifteten Menschen oft angewendeten Mitteln zur Ersten Hilfe, wenn der Tierarzt nicht ausdrücklich dazu rät!

Diese Liste (s. S. 115) erhebt keinen Anspruch auf Vollständigkeit. Sie macht jedoch deutlich, wieviele Giftpflanzen oder deren Früchte oder Teile sich in Haus und Garten befinden können, ohne dass Sie sich ihrer unmittelbaren Gefahr bewusst sind. Natürlich löst das Anknabbern oder Fressen dieser Pflanzen nicht in jedem Fall und zwingendermaßen eine lebensbedrohende Vergiftung aus, jedoch können größere Mengen oder bestimmte Sorten schon zu ernsthaften Problemen führen. Beobachten Sie Ihren Hund dabei, wie er sich an Pflanzen im Haus oder Garten, im Park oder Wald zu schaffen macht. Treten hinterher irgendwelche Symptome auf, so ist es wichtig, den Tierarzt über die Art der Pflanze informieren zu können. Der beste und sicherste Weg ist allerdings der, es gar nicht erst dazu kommen zu lassen und dem Tier ein solches Verhalten von Anfang an abzugewöhnen.

Epileptische Anfälle und Krämpfe

Einige Hunderassen sowie viele nicht rassereine Zuchten sind für Erscheinungen dieser Art anfällig. Oftmals weist ein solcher Krampfzustand oder Anfall aber auch auf ein unterschwelliges, anderes Gesundheitsproblem hin.

Gewöhnlich ist ein epileptischer Anfall keine Notfallsituation, es sei denn, er dauert länger als zehn Minuten. Sicherheitshalber ist jedoch in jedem Fall der Tierarzt zu informieren; selbst wenn es während der Nacht zu einem solchen Zwischenfall kommt und der Hund am nächsten Tag wieder einen völlig normalen Eindruck macht. Es kommt auch nicht wie beim Menschen dazu, dass die Zunge während eines Anfalls verschluckt wird, weshalb hier keine unmittelbare Lebensgefahr besteht.

Der Halter sollte in einer solchen Situation niemals versuchen, dem Hund ins Maul zu fassen oder seinen Kopf halten zu wollen, denn das Tier hat keine Kontrolle über sich selbst und könnte den Halter ungewollt beißen. Ein solcher Anfall kann so leicht sein, dass er kaum bemerkt wird und der Hund dabei sogar auf seinen vier Beinen stehenbleibt. In schwereren Fällen

kann es passieren, dass der Hund vorübergehend bewusstlos wird, sowie währenddessen Urin oder Kot ausscheidet. Das Beste, was der Halter für einen Hund tun kann, der mehr oder weniger regelmäßig unter solchen Zuständen leidet, ist die Unterbringung an einem sicheren Ort, wo er sich während eines Anfalls nicht verletzen oder irgendwo herunterfallen kann.
In jedem Fall aber sollte ein Tierarzt eine gründliche Untersuchung vornehmen, um zu ergründen, wodurch diese Anfälle ausgelöst werden. Das ist leider nicht in jedem Fall feststellbar, jedoch besteht zumindest die Möglichkeit, dass ein anderes Gesundheitsproblem der Auslöser ist, welches behoben diesen Erscheinungen ein Ende setzt.

Schweres Trauma

Bei einer komaähnlichen Bewusstlosigkeit oder einem schweren Schockzustand muss unbedingt sichergestellt sein, dass die Atemwege frei sind. Dazu werden Nase, Maul und Rachen des Hundes dahingehend untersucht, dass sie frei von Speichelansammlungen oder anderen Substanzen sind, welche die Atmung beeinträchtigen könnten. Der Körper des Hundes sollte auf der Seite, Kopf und Hals in einer leicht gestreckten Position liegen, um das Atmen zu erleichtern. Bei auftretendem Erbrechen muss der Kopf nach unten gerichtet und der Körper angehoben werden, damit nichts in die Luftröhre gelangen kann. Es ist umgehend ärztliche Hilfe anzufordern.

Schock

Ein Schock ist ein lebensbedrohender Zustand, der eine sofortige ärztliche Versorgung erfordert. Zu einem Schockzustand kann es durch einen Unfall, anderweitig entstandene schwere Verletzungen oder auch durch panikartige Angstzustände kommen. Andere Auslöser für einen Schock können starker Blutverlust, Flüssigkeitsverlust, eine Sepsis, Vergiftungen, eine extrem hohe Adrenalinausschüttung, Herzversagen und eine Anaphylaxie (Überempfindlichkeitsreaktion) sein.
Die Symptome sind ein schneller, schwacher Puls, eine flache Atmung, erweiterte Pupillen, Untertemperatur und Muskelschwäche. Es dauert länger als zwei Sekunden, bis das Zahnfleisch nach einer Druckprobe seine normale Färbung wiedererlangt.
Der Hund muss warmgehalten und auf dem schnellsten Weg in eine Tierklinik transportiert werden. Jede verlorene Minute bringt das Tier dem Tod einen großen Schritt näher.

Impfreaktionen

In seltenen Fällen kann es vorkommen, dass ein Hund eine anaphylaktische Reaktion auf einen Impfstoff zeigt. Dabei handelt es sich um eine Unverträglichkeit gegenüber den im Impfstoff enthaltenen Eiweißmolekülen. Ein Symptom dafür kann eine deutliche Schwellung um die Schnauze sein, die sich unter Umständen bis hoch zu den Augen erstreckt.
Hier wird der Tierarzt darum bitten, mit dem Tier in seine Praxis zu kommen, um die Ernsthaftigkeit der Reaktion zu begutachten und dem Hund Steroide zu injizieren, die meistens eine schnelle Wirkung zeigen. Bei einigen Hunden kann solch eine Behandlung sowie ein mehrstündiger Klinikaufenthalt bei jeder nachfolgenden Impfung erforderlich werden.

Vorsicht vor giftigen Pflanzen

- Amarillis (Knollen)
- Apfelkerne
- Avocadopflanzen
- Azaleen
- Bittersüß
- Brennesseln
- Buchsbaumholz
- Butterblumen
- Caladium (Buntwurz)
- Christusdorn
- Dieffenbachien
- Dreizack-Gras
- Efeu
- Eibe
- Eisenhut
- Elefantenohrblatt
- Fingerhut
- Glyzinie
- Goldregen
- Hortensien
- Hyazinthen (Knollen)
- Iris, Sumpfschwertlilie (Rhizome)
- Japanische Eibe
- Jasmin (Beeren)
- Kirschkerne
- Kletterlilien
- Liguster
- Lorbeer
- Märzbecher (gelbe Osternarzisse)
- Mistel (Beeren)
- Nachtschattengewächse (grüne Teile von z.B. Kartoffel, Tomate etc.)
- Narzissen (Knollen)
- Oleander
- Pfirsichblätter
- Philodendron
- Pilze
- Rhabarber
- Rhododendron
- Ringelblume
- Rittersporn
- Rote Holunderbeeren
- Stechpalme
- Tabak (nicht nur als Pflanze, sondern auch in Form von Zigaretten, Zigarren etc.)
- Tollkirschen
- Tulpenzwiebeln
- Walnuss
- Zuckerbohnen

Aufgeblähtheit
Siehe bei Magendrehung. 69

Bakterielle Dünndarminfektion
Eine Bakterieninfektion des Dünndarms ist eine der häufigsten Ursachen für chronischen Durchfall bei Hunden. 79

Bluterkrankheit
Siehe bei Von-Willebrand-Krankheit. 81

Cardiomyopathie
Siehe bei Hypertrophische Cardiomyopathie. 73

Darmparasiten
Die häufigsten bei Hunden auftretenden Darmparasiten sind Bandwürmer, Hakenwürmer, Peitschenwürmer und Rundwürmer. 89

Demodex-Milbe
Siehe bei Demodex-Räude. 65

Demodex-Räude
Durch Demodex-Milben verursachte Räude. 65

Dermatofibrose
Siehe bei Nodulare Dermatofibrose. 76

Durchfall
Siehe bei Bakterielle Dünndarminfektion. 79

Dysplasie
Siehe bei Ellbogengelenksdysplasie und Hüftgelenksdysplasie. 66, 71

Ellbogengelenksdysplasie
Die Erkrankung entsteht durch eine anormale Entwicklung der Elle, einem der Unterarmknochen, daraus resultiert ein instabiles Ellbogengelenk. 66

Entzündung der Beinknochen, Erkrankung der langen Röhrenknochen
Diese Knochenentzündung befällt die Hinterbeine von Hunden. 78

Epilepsie
Ererbte chronische Erkrankung des Nervensystems. 67

Erste Hilfe 94

Exokrine Bauchspeicheldrüsenstörung
Durch Enzymunterproduktion bedingte Verdauungsstörung. 68

Floh
Es handelt sich nicht nur um den unangenehmsten Außenparasiten, sondern zudem um ein Insekt, welches viele Krankheiten übertragen kann. 82

Gelbsucht, Hepatitis 93

Genetisch bedingte Krankheiten
Erbkrankheiten, teilweise durch Inzucht in ihrer Häufigkeit ungewollt gefördert. 60

Giardiase
Siehe bei Kokzidiose. 90

Grauer Star
Eine Trübung der Linse des Auges. 64

Hämophilie
Eine Bluterkrankheit, die durch Mangel eines Blutgerinnungsfaktors (Faktor VIII) entsteht. 70

Hautentzündungen durch Dauerlecken
Eine genetisch bedingte Krankheit. 60

Hepatitis, Gelbsucht 93

Herzvenenverengung
Ein ererbten Herzfehler, durch den der ungehinderte Abfluss des Bluts aus dem Herzen beeinträchtigt ist. 63

Hornhautentzündung (Keratitis)
Eine Augenkrankheit, bei der Pigmente und Blutgefäße über die Hornhaut wachsen. 77

Hüftgelenksdysplasie
Eine genetisch bedingte Missbildung der Gelenkkugel und der Gelenkpfanne der Hüfte. 71

Hypertrophische Cardiomyopathie
Eine Herzkrankheit, bei der das Septum der linken Herzkammer verdickt ist und den Blutfluss behindert. 73

Hypertrophische Osteodystrophie
Eine Entzündung der befallenen Knochen und eine gestört Knochenbildung. 73

IgA-Mangel
Eine Abkürzung für den Mangel an Immunoglobulin A, worunter eine Gruppe bestimmter Antikörpern zu verstehen ist. **74**

Keratitis
Siehe bei Hornhautentzündung. **77**

Kokzidiose und Giardiase
Infektionskrankheiten, die gewöhnlich Welpen befallen und von Einzellern (Protozoen) hervorgerufen werden. **90**

Leberkrankheit
Einige Hunde neigen zu Leberkrankheiten, die meist im Zusammenhang mit genetischen Defekten des Stoffwechsels stehen. **76**

Magendrehung
Zu viel Luft im Magen bläht diesen auf, und so kann es zu einer Magendrehung kommen. **69**

Nodulare Dermatofibrose
Die Krankheit macht sich durch Knötchen bemerkbar, die zwischen den Zehen und an den Beinen zu finden sind; die Knötchen sind gewöhnlich nicht schmerzhaft, können sich aber zu Geschwüren entwickeln. **76**

Offener Ductus arteriosus
Die häufigste aller angeborenen Herzkrankheiten bei Hunden. **78**

Osteodystrophie
Siehe bei Hypertrophische Osteodystrophie. **73**

Räude
Jede Art von durch Milben hervorgerufenen Hautproblemen. **88**

Schilddrüsenunterfunktion
Eine hormonelle Funktionsstörungen der Schilddrüse. **75**

Staupe
Eine Virusinfektion. **92**

Toxoplasmose
Ein Krankheitsbild, das durch einen Einzeller, *Toxoplasma gondii*, hervorgerufen wird. **93**

Tracheobronchitis
Siehe bei Zwingerhusten. **92**

Virusinfektionen
Hunde können von verschiedenen Viruserkrankungen wie Hepatitis, Parvovirose, Tollwut und Staupe befallen werden, wenn sie in Kontakt mit anderen Tieren kommen, die Träger dieser Parasitosen sind. **91**

Von-Willebrand-Krankheit
Bluterkrankheit. Kommt glücklicherweise in Deutschland nicht häufig vor. **81**

Zecke
Rötlich brauner bis graublauer, blutsaugender Außenparasit, auch Schildzecke genannt, gehört zu den Milben. **87**

Zwingerhusten
Eine infektiöse Entzündung der Luftröhre und der Bronchien (Tracheobronchitis). **92**

Mein Deutscher Schäferhund

Platz für das erste Foto Ihres Welpen

Mein Hund heißt

Mutter

Vater

Züchter

Geburtsdatum

Hundemarkennummer

Besondere Kennzeichen (Tätowierung, Fellfarbe etc.)

Tierarzt

Telefon

Adresse des Tierarztes

Tierklinik

Besondere Termine (Impfungen, Untersuchungen)

Datum	Art	Datum	Art

So fühlt sich Ihr Hund pudelwohl!

Hier wird anschaulich beschrieben, wie Gesundheits- und Verhaltensprobleme durch massageähnliche Griffe und gezielte Übungen gelindert werden können.
Schritt für Schritt werden die unterschiedlichen TTouches® und das richtige Training erklärt.
Ein hilfreicher Leitfaden, mit dem alle Hunde ausgeglichen und fröhlich bleiben.

Anti-Stress-Programm für Hunde.
Entspannter Hund durch TTouch® und Bodenarbeit.
S. Fisher. 2009. 128 S., 296 Farbf., geb.
ISBN 978-3-8001-5742-6.

Massage und Physiotherapie bei Hunden. Beweglichkeit verbessern und Schmerzen lindern.
A. Mauring, G. Lutsch. 2007.
76 S., 53 Farbf., 6 Zeichn., geb.
ISBN 978-3-8001-4996-4.

Ein aktueller Ratgeber, der alle Fragen rund um den Hundealltag beantwortet.

Das große Ulmer Hundebuch. H. Schmidt-Röger.
2008. 272 S., 280 Farbf., geb.
ISBN 978-3-8001-5376-3.

Spaßschule für Hunde.
58 Tricks und viele Übungen.
C. del Amo. 2. Auflage 2010.
127 S., 53 Farbf., 20 Zeichn.,
kart. ISBN 978-3-8001-5662-7.

www.ulmer.de Ulmer